# 小麦渍害的监测与预警技术研究

胡佩敏　熊勤学　著

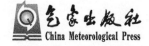

气象出版社
China Meteorological Press

## 内容简介

本书集中反映了作者近 10 年来在小麦渍害的成灾条件、精细化监测预警与风险评估、数据库平台建设等方面的成果；在厘清农作物渍害光谱特征和水分特征的基础上，构建了基于土壤低氧胁迫为指标的小麦受渍程度指标；采用遥感技术、地理信息技术、水文模型技术和统计技术，利用光学遥感数据、雷达卫星数据、气象数据、土壤数据、高程数据，通过微波遥感加分布式水文模型或者微波遥感结合累积降水指数的数据融合方法，实现了大尺度渍害的时空动态监测和渍害监测由点到面的突破；率先利用简化技术，采用降水指标或者改进型累积降水指数，实现了高空间分辨率的渍害精准预警；为国、省两级农业技术推广机构提供了长江中下游农作物渍害数据库发布系统，开始实时公开发布渍害监测、预警与评估信息；为渍害的监测、预警、灾损评估和区划提供完整的配套技术。

本书可供农业气象、农田水利、农业生态、农业资源环境等领域的研究人员、高校教师、技术人员和管理人员参考。

## 图书在版编目（ＣＩＰ）数据

小麦渍害的监测与预警技术研究 / 胡佩敏，熊勤学
著. -- 北京 : 气象出版社，2023.3
ISBN 978-7-5029-7943-0

Ⅰ．①小… Ⅱ．①胡… ②熊… Ⅲ．①小麦－湿害－监测系统－研究 Ⅳ．①S422

中国国家版本馆CIP数据核字(2023)第048275号

**小麦渍害的监测与预警技术研究**
XIAOMAI ZIHAI DE JIANCE YU YUJING JISHU YANJIU

| | | | |
|---|---|---|---|
| 出版发行：气象出版社 | | | |
| 地　　址：北京市海淀区中关村南大街 46 号 | | 邮政编码：100081 | |
| 电　　话：010-68407112（总编室）　010-68408042（发行部） | | | |
| 网　　址：http://www.qxcbs.com | | **E-mail**：qxcbs@cma.gov.cn | |
| 责任编辑：万　峰 | | 终　　审：张　斌 | |
| 责任校对：张硕杰 | | 责任技编：赵相宁 | |
| 封面设计：艺点设计 | | | |
| 印　　刷：北京中石油彩色印刷有限责任公司 | | | |
| 开　　本：710 mm×1000 mm　1/16 | | 印　　张：9.25 | |
| 字　　数：200 千字 | | 彩　　插：4 | |
| 版　　次：2023 年 3 月第 1 版 | | 印　　次：2023 年 3 月第 1 次印刷 | |
| 定　　价：60.00 元 | | | |

# 前　言

　　渍害问题一直是影响长江中下游平原地区小麦产量、品质、效益的主要农业气象灾害。如湖北省荆州市，几乎每年都会发生不同程度的渍害，一直以来，本地区小麦单产只有 3150 kg/hm²，大大低于 4950 kg/hm² 的全国平均水平。目前国内外都没有建立起对小麦渍害进行实时监测和预警的技术系统，小麦渍害的灾损评估和区划多以县域为评估单元，缺乏精确到田块的灾损评估和区划技术系统，各级农业技术推广部门缺乏有效的信息收集手段，灾情评估缺乏基础数据和计算方法，农业保险因缺乏必要的赔率参数，从而无法扩大覆盖面。

　　著者及研究团队从 2012 年起，在课题"涝渍灾害的辨识、监测与评估技术"（2012 年度公益性行业（农业）科研专项项目主要农作物涝渍灾害防控关键技术研究与示范子任务，2012—2016，编号 201203032）、县域作物涝渍害立体监测预警机理研究（国家自然科学基金，2019—2022，编号 31871516）、江汉平原作物涝渍灾害预警及防控公共平台建设与应用（长江大学湿地生态与农业利用教育部工程研究中心开放课题，2019—2022，编号 KFT 201906）等的支持下，系统地研究了小麦受渍机理、渍害监测预警与评估方法，即在厘清农作物渍害光谱特征和水分特征的基础上，采用遥感技术、地理信息技术、水文模型技术和统计技术，利用光学遥感数据、雷达卫星数据、气象数据、土壤数据、高程数据反演渍害特征时空分布，实现一系列高时空间分辨率的渍害监测、预警、灾损评估和区划，并建立相应的技术系统；同时建立了渍害监测、预警、灾损评估信息实时发布系统，为渍害的监测、预警、灾损评估和区划提供完整的配套技术。主要特点与创新有：①构建了基于土壤低氧胁迫为指标的小麦受渍程度识别模型，使大尺度渍害的遥感反演成为可能;②运用微波遥感加分布式水文模型技术、微波遥感结合累积降水指数的数据融合技术,实现了大尺度渍害的时空动态监测和渍害监测以及由点到面的突破;③率先利用简化技术,采用降水指标或者改进型累积降水指数,实现了高空间分辨率的渍害精准预警;④为国、省两级农业技术推广机构提供了长江中下游农作物渍害数据库发布系统,开始实时公开发布渍害监测、预警与评估信息。

著者是在总结了 10 年的研究成果的基础上完成本书内容的,感谢荆州市气象局在课题实施过程中的大力支持,同时感谢课题组全体同仁的无私奉献。

本书的研究成果仅是著者及研究团队在小麦渍害监测、预警与风险评估方面的初步探索,旨在推动渍害监测预警理论与技术不断发展。限于著者水平有限,书中难免存在一些不足之处,恳请读者批评指正。

胡佩敏

2022 年 10 月于荆州

# 目　录

# 第1章 小麦渍害监测与预警的理论基础

渍害(也称湿害)是因洪、涝积水或因地下水位过高,造成土壤含水率过高甚至饱和,农作物根系土层空气活动受阻而厌氧条件占据优势,导致农作物根系长期缺氧并引起植株发育不良而减产的一种常见农业气象灾害。厘清小麦渍害的致灾机理和成灾条件是开展渍害遥感监测与预警的前提。

## 1.1 小麦渍害的致灾机理

渍害成灾主要原因是土壤水分过多,土壤空隙中 $O_2$ 减少造成农作物根系、土壤性质、农作物表形发生变化引起减产。图 1.1 为农作物渍害致灾机理,土壤中水分增加,会造成土壤孔隙中空气减少,微生物和根系呼吸造成 $O_2$ 浓度降低和 $CO_2$ 浓度增加,导致土壤低氧胁迫,低氧胁迫引起土壤和农作物一系列反应。在土壤化学反应方面,土壤中氧化反应电位会减少,pH 改变,反硝化作用增加。在土壤物理性质方面,土壤强度降低。在作物反应方面,主要表现在形态学的改变,造成根尖以上部位径向氧损失(ROL:the radial oxygen loss)逐渐下降,乙烯($C_2H_4$)释放量增加,触发根系皮层细胞溶菌作用,生成通气组织,造成不定根生长或者根系表层化、根系生长速度降低、根系腐烂、叶片萎蔫和变黄,最终造成农作物减产。

小麦对渍害的反应和其他农作物一样,小麦根系对渍水极为敏感,渍水后土壤通透性变差,农作物根系呼吸作用受到抑制,根系活力下降,水肥吸收能力减弱,生物量降低 50% 以上(Afzal et al.,2015;Shao et al.,2013)。当土壤中 $O_2$ 浓度低于临界值 0.12 mol/m³ 时,小麦根系就处于缺氧状态,根系生长速度减缓,渍水 3 d 后停止生长,甚至部分坏死(Brisson et al.,2002)。在渍水条件下,土壤中的厌氧微生物通过无氧呼吸产生醋酸、乳酸和丁酸等有机酸,增加土壤酸度,使根系生长环境恶化,影响其正常生长发育(余卫东 等,2013;Boru et al.,2003)。此外,渍水使土壤氧化能力降低,产生大量的有毒还原性物质(如 $H_2S$、$NH_3$、$Fe^{2+}$、$Mn^{2+}$ 等),这些物质能直接对农作物的根系产生生理毒害,导致根系早衰(Malk et al.,2002)。根系活力下降,根系生物量下降,导致叶片变小、光合作用速度下降、无氧呼吸加强(Evans et al.,1996),同时渍害会缩短灌浆持续时间,降低旗叶光合同化能力和花前营养器官中储藏物质向籽粒的再转运能力,最终导致粒重降低(吴晓丽 等,2015;姜东 等,

2004),产量降低。

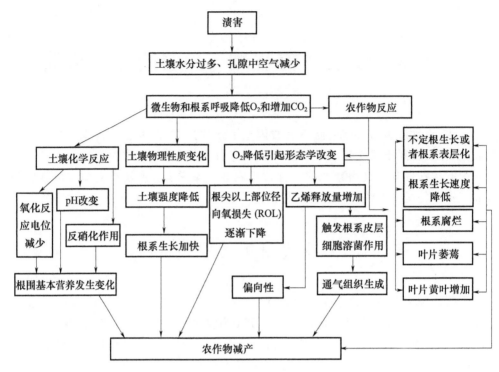

图 1.1  农作物渍害致灾机理

在渍害形成和发展过程中,农作物渍害胁迫(土壤低氧胁迫)的敏感生育时段和渍害胁迫持续时间是影响渍害形成和灾害程度大小的主要因素。不同农作物对渍害胁迫的敏感生育阶段和耐渍度各不相同。相关研究表明,小麦的孕穗期至灌浆期是关键生育阶段,对渍害反应最为敏感(Mohammad et al.,2017),小麦渍害临界期为拔节后 15 d 至抽穗期,其次是开花期和灌浆期(汪宗立 等,1981a,1981b)。灌浆期渍害胁迫对小麦叶面积和叶绿素含量的影响最大,孕穗期次之,而孕穗期对产量的影响大于灌浆期(李金才 等,1997)。随着受渍持续时间的增加,小麦在出现叶片发黄、枯萎、根系腐烂和发黑的症状的同时,也可能表现出适应反应。地下自适性包括不定根、透气组织、根系径向泌氧障壁的发育和根系水力传导率的变化(Shaw et al.,2013)。不定根可以出现在饱和土壤或受涝的自由水面上,或略高于饱和土壤。这些根能更多地接触到大气中的 $O_2$,通常在上层土壤干燥之前都能存活。通气组织可以通过 2 个过程形成,溶生性通气组织通过根内的皮层或髓细胞死亡在原位形成,或通过根内称为裂生透气组织的新细胞的生长形成。溶生性通气组织使气态根孔隙率增加了 15%~50%,因此显著降低了从植物顶部到根的氧通量扩散的阻力,并有可能进入根际。$O_2$ 从通气组织径向扩散,通过表皮根细胞层,穿过氧浓度梯度进入周围的根际,这被称为径向氧损失(ROL)。溶生性通气组织中 30%~40% 的 $O_2$

可以通过这种径向扩散途径流失(Armstrong,1980)。

综上所述,在机理上渍害对农作物的影响过程主要分为 3 个阶段(Ruth et al.,2015):第一阶段(5 d 以内)是根系有充分水分供应的机能提升期;第二阶段(5 d 以后)是低氧胁迫引起的农作物生长抑制期;第三阶段(抑制期以后)是以通气组织和不定根为标志的自适期(见图 1.2)。

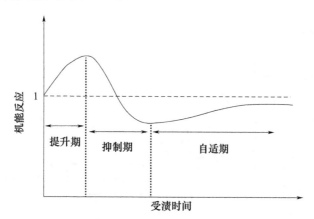

图 1.2　小麦应对渍害反应的 3 个阶段

(注:图中实线为受渍小麦机能反应曲线,正常小麦机能反应值为 1,即虚线)

第一阶段(机能提升期):植物在渍水后立即作出反应,此时植物可获得的水分基本上没有限制,随着土壤强度降低,根系的生长几乎没有物理障碍。在这种情况下,植物功能不受 $O_2$ 或水的限制,因此生长过程得到优化,生长速度明显提升。

第二个阶段(生长抑制期):随着土壤 $O_2$ 浓度下降,根系呼吸开始受到影响,离子选择(如 $NO_3^-$ 和 $NH_4^+$ 吸收)和乙烯信号通路将发生改变。其结果是叶片功能(光合作用)、叶片生长和木质部流中 $NO_3^-$ 浓度显著减少,生长明显受到抑制。

第三阶段(机能自适期):包括一系列的自适反应,其最终结果是根据品种而定的不同程度的适应性。这种适应性有可能是完全适应,也可能是导致农作物死亡的最低限度适应性。这种适应性表现出产量下降幅度明显趋缓。

## 1.2　小麦渍害的致灾因素

小麦渍害主要成因为土壤氧浓度值过低,小麦根系受到低氧胁迫的缘故。同样的土壤氧浓度,小麦是否受渍还得考虑其耐渍性,耐渍性强的品种或者生育阶段的小麦可能受渍程度轻或者不受渍。麦田土壤氧浓度值过低的主要表现为土壤孔隙中气态体积减少或者空气中氧含量降低,前者与土壤含水量过高或者地下水位埋深过浅有直接关系,而影响土壤含水量大小和地下水位埋深高低的主要原因有气象条件、地形条件、土壤条件、土地利用现状和生产活动相关,它们之间关系见图 1.3。因此小麦渍害的致灾因子主要有气象条件、地形条件、土壤条件、土地利用现状、生产活动和小麦耐渍性。其中气象条件,特别是降水,是农作物致灾的决定条件,为主要要素;地形条件和土壤类型影响土壤水分再分配,是决定渍害空间分布差异的主因,而小麦耐渍性是小麦致灾的关键要素。

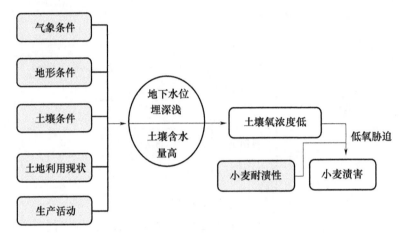

图 1.3 小麦渍害的致灾因子

### 1.2.1 气象条件与土壤水分关系

气象条件影响小麦渍害主要要素有两个,分别是降水和蒸发,前者促使土壤含水率增高,后者使其降低。降水量过多是产生农田土壤水分过高的主要原因,如安徽省淮河以南春季降水总量累常年平均值达 430 mm 左右,比同期冬小麦的需水量偏多 20%～40%,偏多的年份可达 550～600 mm 以上,是冬小麦渍害的主要诱发因素(盛绍学 等,2009)。因此,用前期降水指数(API:antecedent precipitation index)来表示气象条件对土壤水分的影响最为合适。计算公式(吴子君 等,2017)为:

$$API_i = P_i + K API_{i-1} \tag{1.1}$$

式中 $API_i$ 为第 $i$ 天的前期降水指数(mm); $P_i$ 为第 $i$ 天的降雨量(mm); $API_{i-1}$ 为第 $i-1$ 天的前期降水指数(mm); $K$ 为土壤水分的日消退系数,它综合反映土壤蓄水量因蒸散而减少的特性,因此 $K$ 值大小与蒸散相关,其计算公式为(Xu et al.,2001)

$$K = 1 - \frac{EM}{WM} \tag{1.2}$$

式中 $EM$ 为流域日蒸散能力, $WM$ 为流域最大蓄水量。

$WM$ 计算公式为

$$WM = P - R - E \tag{1.3}$$

4

式中 $P$ 为平均降雨量，$R$ 为平均产流量，$E$ 为平均蒸散量，当 $P$ 大于 100 mm 时，API 为 100。

$EM$ 采用 Hargreaves-Samani（H-S）模型计算，具体公式（Hargreaves et al.，2003）为：

$$EM=0.0023(T+17.8)\sqrt{(T_{max}-T_{min})\frac{R_a}{\lambda}} \tag{1.4}$$

式中 $T_{max}$ 为日最高气温（℃）；$T_{min}$ 为日最低气温（℃）；$R_a$ 为地球外辐射（MJ/M$^2$ · d），$\lambda$ 为蒸发潜热（2.45 MJ/kg），

API 不仅能用作潜在渍害的指标，它更多的是用于农作物干旱预测（王春林 等，2012），主要原因是 API 指数能反映土壤水分变化特征（Zhao et al.，2019）。

## 1.2.2　地形条件与土壤含水量

地形条件对土壤水分有着重要的影响，它会对土壤水分再分配起到关键作用，一般地势平缓的坡面、河边或地形为下凹的地域，水平方向排水性差，汇流面积大，这些地域因土壤水分相对较高而使饱和缺水量（使流域饱和所需的给水量）变小，往往首先满足蓄满产流的条件而形成产流区。渍害主要发生在河流中下游的平原低洼地区，另外，山区谷地与河谷平原因受地形地貌影响致使排水不畅极易积水，也很容易发生渍害。如江汉平原涝渍微地形分布规律表现为在水平面上与河流呈水平带状分布，在垂直面上则呈梯形分布（李必华 等，2003）。坡位、坡度、坡向是影响春耕时期土壤水分空间差异的主要地形因子，土壤水分含量与地形湿度指数呈显著正相关关系，与坡度、坡向、坡位、高程呈显著负相关关系，因此，经常用地形湿度指数表征空间分布的差异性。

地形湿度指数（TWI：topographic wetness index），计算公式（Beven et al.，1979）为：

$$TWI=\ln\left(\frac{\alpha}{tg(\beta)}\right) \tag{1.5}$$

式中 $\alpha$ 是比汇水面积，$\beta$ 是当前位置的坡度。比汇水面积表示一个特定位置的位势流积累，$tg(\beta)$ 反映了当前位置的排水潜力。

Nobre 等（2011）基于数字高程模型 DEM（digital elevation model）提出了一个衍生的、水文意义明确的地形模型 HAND（height above nearest drainage），即最近邻河道相对高度模型。HAND 模型是以河网水系为参考的局地相对地形，以山坡—沟谷为单元，描述了地表任一位置相对于局部水系的相对高度。由于 HAND 模型更强调局地地形引起的地表水空间差异，能够反映山坡—沟谷的水流路径，有助于进一步揭示流域水文行为，最初被用于水文过程分析与模拟。多个研究表明：HAND 模型能揭示土壤水分和地下水的空间分布及时间动态与地势之间的关联，图 1.4 为 HAND 模型运用 DEM 数据计算地下水位埋深的过程示意图。

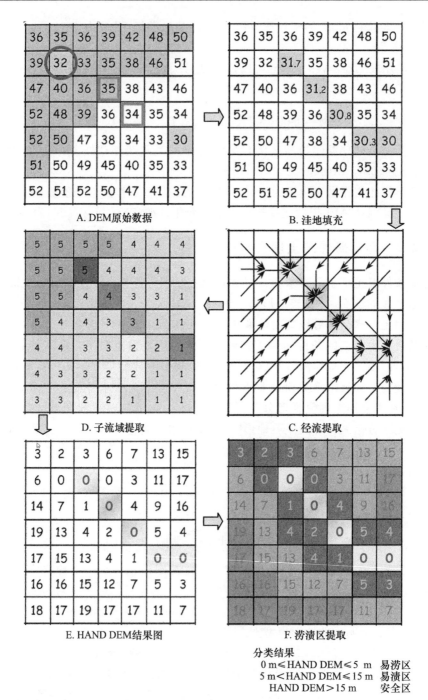

图 1.4　HAND 模型计算过程示意图

即运用 DEM 原始数据进行洼地填充后,提取流域水流方向,进而提取各子流域空间分布,并获得每个子流域最低高程,然后将每个子流域各栅格的高程减去其最低高程,得到 HAND 模型高程数据,把 0 m≤HAND DEM≤5 m 高程区域定义为易涝区,5 m<HAND DEM≤15 m 高程区定义为易渍区,HAND DEM>15 m 区则为安全区。HAND 模型适用于其地质、地貌和土壤类型未知,人类干扰少的流域涝渍情况的初步分析。

## 1.2.3　土壤条件与土壤含水量

土壤水分运动包含不饱和流、饱和流、坡面流和河道径流等,这些水分流动都与土壤属性有直接关系,特别是土壤类型、土壤不饱和横向导水率、饱和横向导水率、土壤渗漏强度等因素。不同类型的土壤,受其质地、结构差异的影响,具有不同的入渗能力。通常土壤的砂性越强,其透水能力越强、土壤横向导水率越大,反之黏性越大,其透水能力越弱,土壤横向导水率越小,如砂、砂质和粉质土壤、壤土、黏质土壤和碱性黏质土壤几种不同质地的土壤,其入渗能力和土壤横向导水率依次减弱。

此外,土地利用现状差异会通过改变降水农作物的截留量、改变蒸散量等途径来改变土壤水分。人类过度灌溉麦田也会引起小麦渍害,这一现象在国外非常普遍。

## 1.2.4　定量分析渍害对农作物生长发育影响的特征量

目前很少有农作物生长模拟模型考虑渍害对农作物产量影响(Ruth et al.,2015),只有 3 个模型考虑了农作物应对渍害的反应,分别是 DRAINMOD 模型(drainage-water management systems model)、APSIM(agricultural production systems simulator)模型和 SWAGMAN Destiny 模型(saltwater and groundwater management destiny)。它们定量分析渍害对农作物生长发育影响有两种方式,即基于土壤低氧(无氧)胁迫特征量的定量分析方式和基于土壤地下水位埋深胁迫特征量的定量分析方式。

**(1)土壤含水量与土壤低氧(无氧)胁迫特征量**

APSIM 模型和 SWAGMAN Destiny 模型是通过土壤含水量计算低氧胁迫对根系生长的影响来定量分析渍害影响(Asseng et al.,1997)。此外,Lizaso 等(1997)也曾尝试过将低氧或(无氧)胁迫因子引入 CERES(crop environment resouce synthesia)-Wheat 模型中,效果良好。其计算流程如图 1.5。

①低氧对根系影响特征量(Aerf)

用土壤体积含水量,结合土壤类型来表达低氧对根系的影响,即低氧胁迫特征量 $Fact_{la}$,具体计算公式为:

$$Fact_{la} = \begin{cases} 1 - \dfrac{SFPS_{crit} - WFPS_{crit}}{1 - WFPS_{crit}}, & \text{当 } SFPS_{crit} \geqslant WFPS_{crit} \\ 0, & \text{当 } SFPS_{crit} < WFPS_{crit} \end{cases} \quad (1.6)$$

$$\text{SFPS}_{\text{crit}} = \frac{SW}{1 - \dfrac{BD}{\text{Dens}_{\text{soil}}}} \tag{1.7}$$

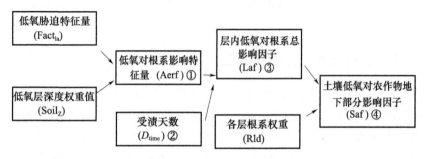

图 1.5　土壤低氧对农作物地上部分影响因子计算流程图

式中 $SW$ 为土壤体积含水量（$\text{cm}^3/\text{cm}^3$）；$BD$ 为干土容重（$\text{g}/\text{cm}^3$）；$\text{Dens}_{\text{soil}}$ 为单位体积土壤颗粒（不含孔隙）的烘干重量（$\text{g}/\text{cm}^3$）；$\text{SFPS}_{\text{crit}}$ 为土壤孔隙水含量；$\text{WFPS}_{\text{crit}}$ 为临界土壤孔隙水含量，取值 0.65。

　　考虑不同土壤层内低氧衰减的差异，提出低氧层深度权重值概念 $\text{Soil}_z$，其计算公式为：

$$\text{Soil}_z = \begin{cases} \dfrac{50}{DL_2 - D_{\text{layer}} - 2}, & \text{当 } DL_2 \geqslant 50 \\ 1, & \text{当 } DL_2 < 50 \end{cases} \tag{1.8}$$

式中 $DL_2$ 为土层距底部的距离（cm）；$D_{\text{layer}}$ 为土层的厚度（cm）。

　　综合两者，低氧对根系影响特征量（Aerf）的计算公式为：

$$\text{Aerf} = \text{Fact}_{\text{la}} \times \text{Soil}_z \tag{1.9}$$

　　②受渍天数（$D_{\text{time}}$）

　　由于根系对渍害反应的滞后性，确定 3 d 以后渍害才对农作物根系产生影响，60 d 后影响不变，因此受渍天数计算公式为：

$$D_{\text{time}} = \begin{cases} D_{\text{time}} - AD_{\text{time}}, & \text{当 } D_{\text{time}} \leqslant 60 \\ 60, & \text{当 } D_{\text{time}} > 60 \end{cases} \tag{1.10}$$

式中 $AD_{\text{time}}$ 为滞后天数，缺省为 3 d，$D_{\text{time}}$ 为当土壤孔隙水含量超过临界土壤孔隙水含量（0.65）时，累积 1 d，否则清零。

　　③层内低氧对根系总影响因子

　　Laf 是综合考虑土壤水分、受渍天数、农作物耐渍性的表征层内低氧对根系总影响介于 0 至 1 的特征因子，其计算公式为：

$$\text{Laf} = 1 - \left[(1 - \text{Aerf})^{D_{\text{time}}^{0.167}}\right] \times \text{Coef} \tag{1.11}$$

式中 Coef 为介于 0 至 1 之间的农作物耐渍系数（缺省为 1）。

　　④土壤低氧对农作物地下部分影响因子（Saf）

　　考虑不同土层根含量差异，总的土壤低氧对农作物地下部分影响因子的计算公式为：

$$Saf = \sum_{i=1}^{n} \left[ \left[ \frac{Rld_i}{\sum\limits_{j=1}^{n} Rld_j} \right] \times Laf_i \right] \tag{1.12}$$

式中 $Rld_i$ 为第 $i$ 层土层中根系含量。

**(2)基于土壤地下水位埋深胁迫特征量的定量分析方式**

DRAINMOD 模型则是通过地下水位埋深计算胁迫指数 SDI(a stress day index)对根系生长的影响，定量分析渍害的影响(Hiler,1969)。同样的还有 Qian L 等(2017)将 SDI 胁迫指数引入 CROPR(crop rotation model)模型，提出改进型 CROPR 模型，SDI 胁迫指数的计算公式为：

$$SDI = \sum_{j=1}^{m} (CS_j \times SD_j) \tag{1.13}$$

式中 $m$ 为生育时段；$CS_j$ 为第 $j$ 个生长时段农作物抗逆因子；$SD_j$ 为第 $j$ 个生长时段水分胁迫因子。$CS_j$ 计算公式为：

$$CS_j = (y - y_j)/y \tag{1.14}$$

式中 $y_j$ 为第 $j$ 个生长时段受渍害后的产量，$y$ 是对照产量，$SD$ 公式为：

$$SD = \sum_{i=1}^{n} (30 - X_i) \tag{1.15}$$

式中 $X_i$ 为第 $i$ 天的地下水位深度(cm)。

此外，石春林等(2003)在小麦模拟优化决策系统 WCSODS(wheat cultivational simulation optimization decision-making system)中增加了过量土壤水对小麦光合作用、干物质分配、叶片衰老等影响模块，实现了渍害条件下对冬小麦生长和产量的模拟。

这些模拟模型中，由于基于低氧(无氧)胁迫因子考虑了渍害的持续时间、农作物耐渍性等因素，而且也能适用于过度灌溉情况下的渍害，明显优于其他定量分析特征量。

## 1.3　小麦渍害的成灾条件

由上节可知，小麦渍害的致灾因子主要有气象条件、地形条件、土壤条件、土地利用现状、生产活动和小麦耐渍性，麦田受渍能否成灾，与致灾因子的变化和持续时间密切相关。最初农出渍害等级指标来源于气象灾害等级，即以最终小麦相对气象产量来定级。小麦产量不仅受社会因素的影响，还取决于历年气象条件的优劣。一般将实际产量 $Y$ 分离为依社会生产水平而变的趋势产量 $Y_t$、随历史气象条件而变的气象产量 $Y_w$ 和随机误差 $\varepsilon$ 三部分，在通常情况下，随机误差 $\varepsilon$ 可以忽略不计。其模型为：

$$Y = Y_w + Y_t \tag{1.16}$$

相对气象产量 $Y_R$ 的计算公式为：

$$Y_R = (Y_w / Y_t) \times 100\% \tag{1.17}$$

依据相对气象产量的大小来判定小麦的受渍程度，将小麦渍害分为3个等级，介于 $-10\% \sim -5\%$ 为轻度渍害，$-20\% \sim -10\%$ 为中度渍害，低于 $-20\%$ 为重度渍害，见表1.1。

表1.1 以相对气象产量为指标的小麦渍害等级划分

| 小麦渍害等级 | 小麦渍害指标/% |
|---|---|
| 轻度渍害 | $-5 \geqslant Y_R \geqslant -10$ |
| 中度渍害 | $-10 > Y_R \geqslant -20$ |
| 重度渍害 | $Y_R < -20$ |

### 1.3.1 基于土壤水分和地下水位埋深的小麦受渍指标

中国气象局根据多年土壤水分和农业气象灾害监测结果分析，渍害多发生在土壤相对湿度90%以上，并持续多天的条件下。以此提出了以土壤相对湿度作为指标，根据农作物深度变化，将农作物发育期分为播种至苗期和其他发育期的受渍土层深度，并按土壤相对湿度和持续天数对渍害进行分级的农作物渍害等级标准，如表1.2所示。

表1.2 农作物渍害等级标准

| 农作物发育期 | 地下水位埋深/cm | 土壤相对湿度/% | 持续时间/d | 等级 |
|---|---|---|---|---|
| 播种-苗期 | [10,20] | [91,96) | [15,20) | 轻渍 |
| | | [96,99] | [10,15) | |
| | | [91,96) | [20,25] | 中渍 |
| | | [96,99] | [15,20) | |
| | | [91,96) | >25 | 重渍 |
| | | [96,99] | >20 | |
| 其他生育期 | [10,50] | [91,96) | [15,20) | 轻渍 |
| | | [96,99] | [10,15) | |
| | | [91,96) | [20,25] | 中渍 |
| | | [96,99] | [15,20) | |
| | | [91,96) | >25 | 重渍 |
| | | [96,99] | >20 | |

注：表中括号表示取值范围，中括号表示包含此值，小括号表示不包含此值

夏收作物渍害辨别标准(熊勤学 等,2017):目前公认判断渍害田地下水位的标准是小于 60 cm;夏收作物受渍临界土壤水分指标为土壤相对体积含水率高于 90%,受渍天数为 5 d(王春林 等,2012;Zhao et al.,2019))。按照相对气象产量为指标的小麦渍害等级划分(见表 1.1),,结合长期在江汉平原研究渍害时间与夏收作物的关系基础上,江汉平原监利市夏收作物渍害辨别标准为:每年 2—4 月(小麦和油菜生长期),当农田地下水位埋深小于 60 cm,土壤根层相对体积含水率 5 d 滑动均值高于90%的持续期大于 5 d,认为夏收作物受到轻度渍害;如果持续期大于 12 d 认为受到中度渍害;持续期 20 d 以上认为受到重度渍害。

## 1.3.2  基于土壤低氧胁迫的小麦受渍指标

基于土壤水分和地下水位埋深的小麦受渍指标明显不足之处有两点:一是对渍害形成过程中必不可少的孕灾环境因子如土壤、地形、水文因素,特别是小麦的耐渍性考虑甚少,不能全面表征真实的农作物受渍程度。渍害的实质是农作物根系受到无氧胁迫或者低氧胁迫的影响,构建基于土壤低氧胁迫的表征农作物受渍程度的特征值,能准确定量体现整个生长季农作物的受渍程度,为农作物产量预报、防灾减灾提供科学依据。二是基于土壤水分和地下水位埋深的小麦受渍指标没有考虑多次受渍的情况,长江中下游地区每年 3—4 月的总降水量一般保持在 300～400 mm,占年均降雨量的 30%～40%。此时正值小麦营养生长和生殖生长时期,几乎每年都发生多次渍害。尽管小麦应对渍害存在 3 个反应期(提升期、抑制期和自适期),但多次渍害 3 个反应期的变化特点与特征尚有待进一步研究,间歇性的多次涝渍综合胁迫会显著影响农作物产量,特别是当高强度的涝渍胁迫与剧烈的天气变化交织在一起时造成的减产更为严重,这也是很多模型用受渍实验数据验证很正确,但大田实验数据结果验证不是很准确的主要原因(Shaw et al.,2013)。

图 1.6 为"扬麦 11"(耐渍品种)和"郑麦 7698"(不耐渍品种)2 个品种在拔节期或孕穗期进行单次或者多次受渍盆栽实验情况下,得到的受渍时长对产量的关系曲线。由图可知:相同的受渍时长,单次对产量的影响明显大于 2 次受渍处理,主要原因为 2 次受渍处理间隔 10 d,在此期间耐渍能力得到提升和后期小麦修复功能起了明显作用;孕穗期受渍小麦减产量明显高于拔节期受渍。因此仅用受渍时长表示小麦受渍指标明显存在有待改进的地方。

小麦受渍指数改进方法:根据上节的分析,可用整个土壤层内低氧对根系总影响函数来表达小麦受渍,计算公式为上节的式(1.6)～式(1.12),取名为低氧对根系日影响函数(Laf),公式(1.11)中的农作物耐渍系数 Coef 未知,$Coef_i$ 为不同时间小麦对渍害的耐渍系数,介于 0～1,一般越冬期小麦耐渍性强,渍害影响不大,$Coef_i$ 值小,营养生长期小麦耐渍性变小,$Coef_i$ 值增加,而生育生长期耐渍性最小,$Coef_i$ 值最大,呈"S"型曲线,因此用 sigmoid 函数模拟,见图 1.7,其公式计算如下:

$$\text{Coef}_i = \frac{1}{1+e^{(-0.06\times i+5.0)}} \tag{1.18}$$

式中 $i$ 为距上年 11 月 30 日天数。

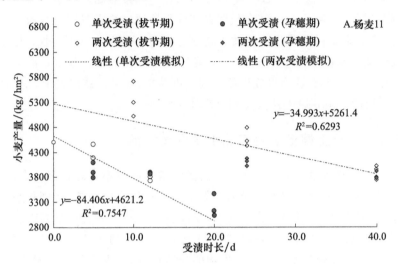

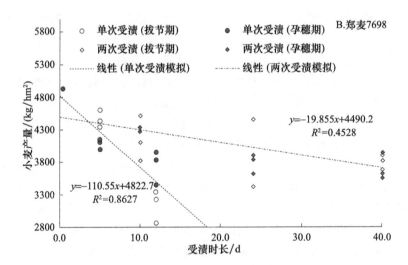

图 1.6 "杨麦 11"(A)和"郑麦 7698"(B)不同受渍期与次数的小麦
产量随受渍时长变化曲线图

将小麦整个生长季内每天的受渍指数与小麦对渍害的耐渍系数相乘,再扩大 1000 倍,得到受渍日指数 DWI(daily waterlogging index),表示当天渍害对小麦生长发育的影响,其值越大,说明当天受渍程度最深,DWI 值计算公式如下:

$$\text{DWI}_i = 1000 \times \text{Coef}_i \times \text{Laf}_i \tag{1.19}$$

将小麦整个生长季内每天的日影响函数取平均值,得到整个生育期受渍指数

$WI$(waterlogging index),它表示小麦整个生长季受渍害影响程度,其值越大,表示小麦到生长季受渍影响越大,$WI$ 计算公式如下:

$$WI = \frac{1}{n}\sum_{i=1}^{n}\mathrm{DWI}_i \qquad (1.20)$$

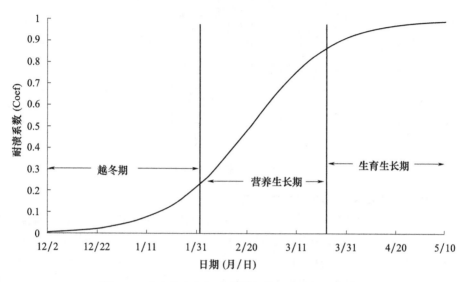

图 1.7　小麦整个生长季内渍害的耐渍系数(Coef)值

同样,从小麦播种开始,到指定日期内所有受渍日指数累积之和为累积受渍指数 AWI (accumulated waterlogging index),它衡量指定日期之前小麦受到渍害量度,计算公式为:

$$\mathrm{AWI}=\sum_{i=1}^{n}\mathrm{DWI}_i \qquad (1.21)$$

累积受渍指数表示小麦从播种开始,到指定日期内渍害对小麦生长发育的影响。

为提取受渍指数指标,在江汉平原做了小麦受渍盆栽实验,实验设 2 个渍水处理开始生育期(拔节期 B、孕穗期 Y)、2 个品种("扬麦 11" Y、"郑麦 7698" Z)、4 个渍水持续期(0 d、5 d、12 d、20 d)、2 种渍水处理(1 次渍水、2 次渍水,2 次处理时间相同,间隔 10 d))、4 次重复,共 73 个处理,连同保护行,共 120 盆。处理期间,土壤含水量保持在田间持水量以上,处理编号由 5 组字母或者数字组成,每组之间用字符"-"分开,第 1 组字母代表生育期,第 2 组字母代表品种,第 3 组数字代表渍水处理天数,第 4 组数据表示渍水处理次数,第 5 组数据表示重复数,例如:B Y 20-2-3,表示拔节时期,"扬麦 11"品种,渍水 20 d,受渍 2 次,第 3 个重复。整体采取随机区组实验设计方式,四周用无渍水处理、种植"扬麦 11"品种的盆围成保护行。实验盆排放顺序如图 1.8。

| Y−0 | Y−0 | Y−0 | Y−0 | Y−0 | Y−0 | Y−0 | Y−0 | Y−0 | Y−0 | Y−0 | Y−0 | Y−0 | Y−0 |
|---|---|---|---|---|---|---|---|---|---|---|---|---|---|
| Y−0 | B−Y−5 −1−1 | B−Y−5 −1−2 | B−Y−5 −1−3 | B−Y−5 −2−1 | B−Y−5 −2−2 | B−Y−5 −2−3 | Y−0 | B−Z−5 −1−1 | B−Z−5 −1−2 | B−Z−5 −1−3 | B−Z−5 −2−1 | B−Z−5 −2−2 | B−Z−5 −2−3 | Y−0 |
| Y−0 | B−Y−12 −1−1 | B−Y−12 −1−2 | B−Y−12 −1−3 | B−Y−12 −2−1 | B−Y−12 −2−2 | B−Y−12 −2−3 | Y−0 | B−Z−12 −1−1 | B−Z−12 −1−2 | B−Z−12 −1−3 | B−Z−12 −2−1 | B−Z−12 −2−2 | B−Z−12 −2−3 | Y−0 |
| Y−0 | B−Y−20 −1−1 | B−Y−20 −1−2 | B−Y−20 −1−3 | B−Y−20 −2−1 | B−Y−20 −2−2 | B−Y−20 −2−3 | Y−0 | B−Z−20 −1−1 | B−Z−20 −1−2 | B−Z−20 −1−3 | B−Z−20 −2−1 | B−Z−20 −2−2 | B−Z−20 −2−3 | Y−0 |
| Z−0 | Y−Y−5 −1−1 | Y−Y−5 −1−2 | Y−Y−5 −1−3 | Y−Y−5 −2−1 | Y−Y−5 −2−2 | Y−Y−5 −2−3 | Z−0 | Y−Z−5 −1−1 | Y−Z−5 −1−2 | Y−Z−5 −1−3 | Y−Z−5 −2−1 | Y−Z−5 −2−2 | Y−Z−5 −2−3 | Z−0 |
| Z−0 | Y−Y−12 −1−1 | Y−Y−12 −1−2 | Y−Y−12 −1−3 | Y−Y−12 −2−1 | Y−Y−12 −2−2 | Y−Y−12 −2−3 | Z−0 | Y−Z−12 −1−1 | Y−Z−12 −1−2 | Y−Z−12 −1−3 | Y−Z−12 −2−1 | Y−Z−12 −2−2 | Y−Z−12 −2−3 | Z−0 |
| Z−0 | Y−Y−20 −1−1 | Y−Y−20 −1−2 | Y−Y−20 −1−3 | Y−Y−20 −2−1 | Y−Y−20 −2−2 | Y−Y−20 −2−3 | Z−0 | Y−Z−20 −1−1 | Y−Z−20 −1−2 | Y−Z−20 −1−3 | Y−Z−20 −2−1 | Y−Z−20 −2−2 | Y−Z−20 −2−3 | Z−0 |
| Z−0 | Z−0 | Z−0 | Z−0 | Z−0 | Z−0 | Z−0 | Z−0 | Z−0 | Z−0 | Z−0 | Z−0 | Z−0 | Z−0 |

图 1.8　试验盆排放顺序图

**（1）小麦受渍日指数（DWI）变化特点**

图 1.9 为"郑麦"孕穗期（编号：Y-Z-20-1-3）受渍 20 d 盆栽处理实验中观测到的土壤体积含水量与 DWI 指数随日期变化曲线图。由图可知，该处理整个生长季受到 3 次渍害（3 月 6—11 日、4 月 1 日—5 日、4 月 10—25 日），其中前 2 次为自然受渍，最后 1 次为人工受渍处理。DWI 指数准确表达了这 3 次渍害的受渍强度和时间，相比土壤体积含水量随日期变化的复杂性，DWI 指数简明、准确。

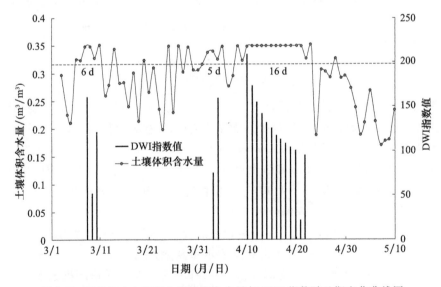

图 1.9　Y-Z-20-1-3 处理土壤体积含水量与 DWI 指数随日期变化曲线图

**（2）小麦累积受渍指数（AWI）与 SPAD 值关系**

SPAD 值代表小麦叶绿素的含量与活性，计算 SPAD 观测时的 AWI 值，得到

AWI 值与 SPAD 值的关系图(见图 1.10)。由图可知,AWI 值与 SPAD 值呈明显的负线性相关关系,而且相关系数都大于 0.96($n=5$),表示前期受渍越重,小麦叶绿素的含量及活性越低,同时受渍次数差异对二者关系没有明显的影响,说明用 AWI 值能准确反映小麦的受渍程度,用它替代受渍时长来表征小麦受渍量化程度更优。

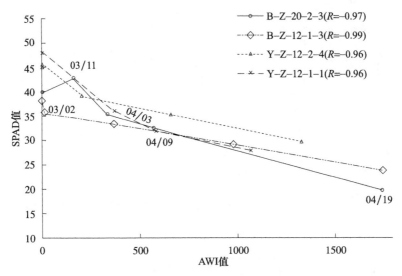

图 1.10　4 个处理下 AWI 值与 SPAD 值的关系图

(注:图上的标注为 SPAD 观测日期,月/日)

### (3)小麦受渍指数($WI$)与产量的关系

计算每个处理整个生长季的小麦受渍指数($WI$),得到所有处理 $WI$ 指数值与小麦产量的散点图(图 1.11)。由图可知,$WI$ 指数与小麦产量的关系可分为 2 部分,当 $WI$ 小于 5.0("杨麦 11")、小于 6.0("郑麦 7698")时 $WI$ 与产量呈正相关,即 $WI$ 越大,其产量越高;反之,当 $WI$ 大于 5.0("杨麦 11")、大于 6.0("郑麦 7698")时 $WI$ 与产量呈负相关,即 $WI$ 越大,其产量越低。

其拟合曲线公式如下:

$$\text{Yield}_{杨麦11}=\begin{cases}196.50\times WI+4051.90 & WI\leqslant 5.0 \\ -46.62\times WI+4838.2 & WI>5.0\end{cases} \quad (1.22)$$

$$\text{Yield}_{郑麦7698}=\begin{cases}108.57\times WI+3992.50 & WI\leqslant 6.0 \\ -60.78\times WI+4981.00 & WI>6.0\end{cases} \quad (1.23)$$

4 条曲线的拟合结果都达到极显著水平("杨麦 11":R10=0.669>R10,0.020=0.658,R54=0.736>R54,0.001=0.435;"郑麦 7698":R13=0.558>R13,0.05=0.514,R51=0.76>R51,0.001=0.411),结果与前人研究的渍害机理模型一致。即在机理上渍害对农作物的影响其过程主要分为 3 个阶段:第 1 阶段(5 d 以内)是根系有充分水分供应的机能提升期,小麦产量会提高;第 2 阶段(5 d 以后)低氧胁迫引起的农作物生长抑制期,小麦会因渍害减产;第 3 阶段为通气组织和不定根为标志的自适期,小麦减产程度会减弱。

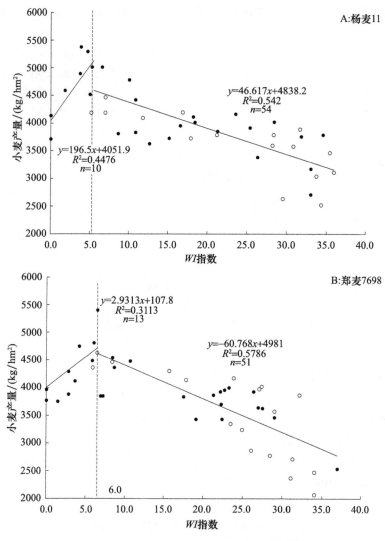

图 1.11 不同受渍情景下 *WI* 与小麦产量的散点图

(品种:A:杨麦 11、B:郑麦 7698)

(注:图中实心圆散点代表 1 次受渍处理,空心圆散点代表 2 次受渍处理)

图 1.11 中散点实心圆代表 1 次受渍处理,空心圆散点代表 2 次受渍处理。由图可知,两类散点对曲线拟合的影响没有明显的差异,即不管是几次受渍,只有 *WI* 值相同,对产量的影响一样。

*WI* 与产量的拟合曲线能体现小麦品种的耐渍性,"杨麦 11"耐渍性强,在 *WI* 与

产量的拟合曲线表现为第 2 阶段产量与 $WI$ 斜率低(为 46.62);"郑麦 7698"不耐渍,表现为第 2 阶段产量与 $WI$ 斜率高(为 60.78),即同等强度的渍害,产量下降速度"郑麦 7698"明显大于"杨麦 11"。

由上分析可知,$WI$ 指数定量地表达了小麦的受渍程度,及对小麦产量的影响,能准确表征小麦受渍机理过程,是表征小麦受渍程度的最佳特征量。

综上所述,小麦受渍日指数(DWI)能很好地表示小麦受渍时间和强度,累积受渍指数 AWI 值与小麦叶片 SPAD 值呈明显的负线性相关关系,前期受渍越重,小麦叶绿素的含量及活性越低;$WI$ 指数能准确表达渍害机理模型,其与小麦产量的关系可分为 2 部分,当 $WI$ 小于 5.0("杨麦 11")、小于 6.0("郑麦 7698")时,$WI$ 与产量呈正相关,即 $WI$ 越大,其产量越高;反之,当 $WI$ 大于 5.0("杨麦 11")、大于 6.0("郑麦 7698")时,$WI$ 与产量呈负相关,即 $WI$ 越大,其产量越低。$WI$ 定量地表达了小麦的受渍程度及对小麦产量的影响。

确定将 $WI$ 为 5.0 定为小麦受渍阈值,当受渍指数大于 0.5 时,小麦生长受到轻度渍害影响。

### 1.3.3　基于土壤氧浓度的小麦受渍指标

为研究渍水处理对小麦土壤氧含量变化特征的影响,在前节的盆栽处理中,运用光纤式氧气测量仪(Fiber-Optic Oxygen Meter Firesting)连接氧气敏感探针(PyroScience GmbH,Aachen,Germany)测定土壤中氧浓度。每天依次测定不同处理下的土壤氧气含量。测定时分别选取相同位置插入探针,探针插入深度为 5 cm,距离小麦茎秆 5 cm,每 30 min 测定并记录一次。

图 1.12—图 15 为"扬麦 11"在拔节期—开花期、开花期—成熟期与"郑麦 7698"拔节期—开花期、开花期—成熟期进行渍水处理 5 d、12 d、20 d 的小麦土壤氧含量分别与对照处理小麦土壤氧含量随日期的变化曲线比较图。

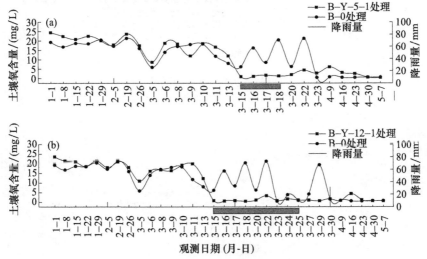

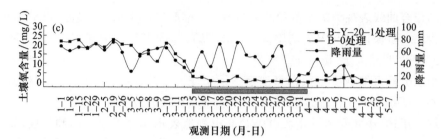

图 1.12 "扬麦 11"拔节期—开花期受渍 5 d(a)、12 d(b)、20 d(c)土壤氧含量随时间的变化曲线
（注：灰色线段表示渍水处理时段，下同）

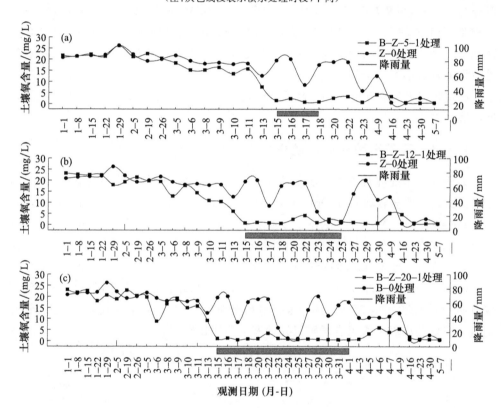

图 1.13 "郑麦 7698"拔节期—开花期受渍 5 d(a)、12 d(b)、
20 d(c)土壤氧含量随时间的变化曲线

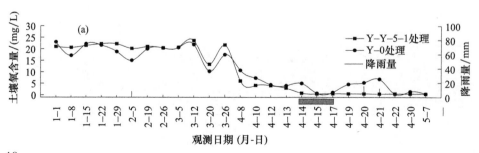

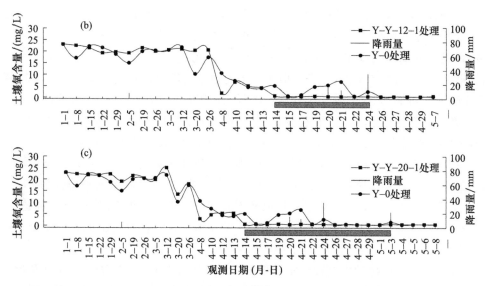

图 1.14　扬麦 11 开花期—成熟期受渍 5 d(a)、12 d(b)、
20 d(c)土壤氧含量随时间的变化曲线

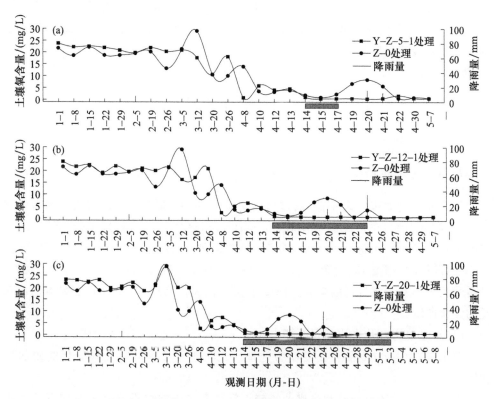

图 1.15　郑麦 7698 开花期—成熟期受渍 5 d(a)、12 d(b)、
20 d(c)土壤氧含量随时间的变化曲线

由图可知,小麦生育期中,对照处理的土壤氧含量随着时间变化主要有 3 个阶段。第 1 阶段:从苗期至拔节期,3 月下旬以前,因为小麦根系密度偏低,土壤孔隙多,其氧含量基本保持在 20 mg/L 以上,遇上降雨后变低,但雨后很快恢复正常状态;第 2 阶段:从拔节期至灌浆期,即 4 月下旬以前,随着盆内根系密度逐步增大,根系呼吸速率增加,造成土壤氧含量逐步降低,最后降至 10mg/L 左右,影响这阶段主要因素还是降水;第 3 阶段:灌浆期以后,小麦以生殖生长为主,根系呼吸维持较高水平,土壤氧含量维持在 10 mg/L 以下,降水对这段时间氧含量变化影响较小。

在拔节期—开花期渍水处理期内,土壤氧含量几乎保持在 5 mg/L 以下。渍水处理结束时还在第 2 阶段,土壤氧含量有一个恢复期,但由于根系受到损害和土壤长期渍水造成土壤容重增加,其值一直低于对照地,受渍时间越长,其氧恢复量越小。在品种差异方面,不耐渍品种"郑麦 7698"后期土壤氧含量恢复情况明显高于耐渍品种"扬麦 11"。

在开花期—成熟期内进行渍水处理由于处在第 2 阶段后期,从渍水处理开始到生长结束,其氧含量都低于 5 mg/L,即使渍水处理结束,土壤氧含量并没有恢复,这一时期小麦品种特性之间差异不明显。

经过数据分析可以得出,在 4 月下旬以前,可以用土壤氧含量作为小麦渍害受渍指标,受渍土壤氧含量的阈值为 5 mg/L,即可以将土壤氧含量低于 5 mg/L 的持续期作为小麦受渍程度的指标。

# 1.4  受渍害小麦的光谱特征分析

### 1.4.1  受渍害小麦的光谱特征

为研究小麦渍害光谱特征,通过田间实验,运用 FieldSpec 4 便携式地物光谱仪(波谱观测范围为 350~2500 nm,在 350~700 nm 区间波谱间隔为 3 nm,在 1400~2100 nm 区间波谱间隔为 30 nm),对 8 个小麦品种(郑麦 9023、西农 223、漯 6010、富麦 168、鄂麦 23、鄂麦 19、广源 11-2、农大 195)受渍前后叶片和冠层的光谱持续观测,分析受渍害小麦光谱特征的差异。图 1.16 为小麦受渍前后 0~10 cm 土壤体积含水量的变化曲线。

**(1)小麦渍害叶片光谱特征分析**

图 1.17 为漯 6010 品种小麦渍害处理当天与正常小麦叶片光谱变化曲线的变化图。

由图可知:受渍小麦叶片光谱曲线较正常小麦光谱曲线主要差异在如下几个光谱区间:645~680 nm 区间(红光波段),较正常值偏高;757~917 nm 区间(近红外波

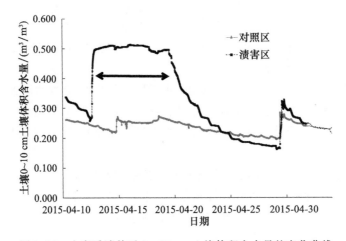

图 1.16　小麦受渍前后 0～10 cm 土壤体积含水量的变化曲线

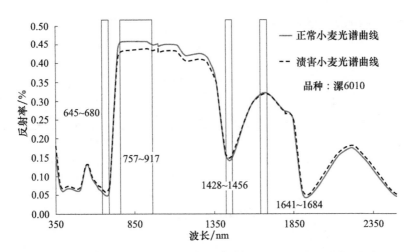

图 1.17　小麦(漯 6010)渍害处理当天受渍与正常小麦叶片光谱变化曲线

段),较正常值偏低;1428～1456 nm 区间,较正常值高;1641～1684 nm 区间,较正常值低。其他品种受渍后光谱曲线差异也基本一致。相较健康植物的反射光谱特征,导致渍害处理小麦叶片光谱曲线差异的主要原因为:受渍小麦叶片叶绿素光合作用能力下降,归一化差分植被指数(NDVI 指数)降低,即红光波段偏高,近红外降低;受渍小麦的根系吸水能力下降,叶片失水打蔫,叶片水势降低,而反映叶片含水量的波段正是 1428～1456 nm 区间波段,由此用 3 个特征值反映渍害危害程度,分别为:

$$\text{NDVI} = \frac{IR - R}{IR + R} \tag{1.24}$$

式中 NDVI 表示归一化差分植被指数,$IR$ 表示 757～917 nm 反射率均值,$R$ 表示 645～680 nm 反射率均值。

$$NDWI = \frac{IR - MR}{IR + MR} \tag{1.25}$$

式中 NDWI 表示归一化差异水体指数，$IR$ 表示 757～917 nm 反射率均值，$MR$ 表示 1428～1456 nm 反射率均值。

如果小麦受渍严重，这 2 个值会偏低，由于影响 NDVI 指数的因素很多，如氮素营养、农作物逆境因素等，渍害影响并非具有唯一性，而 NDWI 指数主要反映叶片含水量的差异，与小麦受渍后失水相符合，因此建议用 NDWI 减少量反映小麦受渍程度。

**(2)小麦渍害叶片光谱品种间和随时间的变化特征分析**

8 个品种归一化植被水指数计算出来后，将每个品种对照区小麦叶片的归一化植被水指数减去受渍小麦叶片的值，得到该品种小麦受渍后叶片归一化植被水指数减少量，其不同日期的变化见图 1.18。

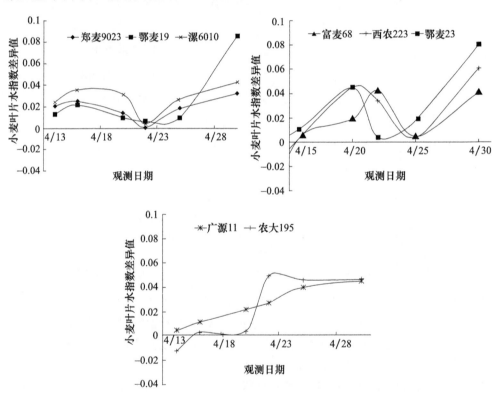

图 1.18　8个品种小麦受渍后叶片归一化植被水指数减少量变化情况

根据光谱变化特征，将 8 个小麦品种受渍后变化特征分成 3 类，一类是郑麦9023、鄂麦 19 和漯 6010，特点为受渍时叶片失水迅速，渍后当天就有反应，而且随着渍害的持续失水程度加强，但渍害结束后恢复较快；二类是富麦 168、西农 223 和鄂麦 23，特点为前期抗渍害能力强，受渍后当天反应不明显，持续过程中才开始出现叶片失水,同时渍害结束后恢复迅速;三类是广源 11 和农大 195,显著特点为受渍后没有恢复过程,一直处于失水状态,而且随时间有加重趋势。3 类共同点是渍害结束 5~8 d 后小麦叶片含水量较正常值迅速减少,其原因是渍害迫使小麦提前进入下一个生育期,如当渍害处理后小麦进入蜡熟时,正常对照小麦还处理灌浆阶段。

**(3)冠层模式下渍害光谱特征分析**

鄂麦 19 冠层受渍光谱曲线与正常小麦光谱曲线比较图见 1.19。

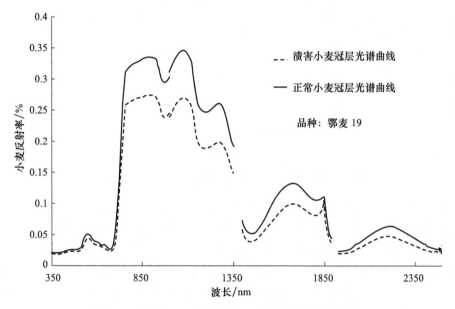

图 1.19　鄂麦 19 冠层受渍与对照光谱变化曲线比较

由图 1.19 可见,小麦受渍后所有光谱的反射率明显低于对照,其他 7 个品种光谱特征与鄂麦 19 相似。因此将受空气中水汽影响较大的两个波段 1350~1400 nm 和 1800~1940 nm 去掉,将 760~2400 nm 所有波段反射率取平均,用这一段正常小麦的光谱值减去受渍小麦的值,得到受渍小麦冠层光谱反射均值差值,用它来表示受渍程度,其值越大表示受渍害影响越大。由于影响冠层光谱反射变化的因素很多,因此受渍小麦冠层光谱特征表现不如小麦叶片光谱特征明显,主要表现在受渍小麦冠层光谱反射均值品种间的差异不明显(图 1.20),随时间的变化则是受渍期间明显增大,而受渍后明显减小。

受渍后叶片光谱特征较正常叶片的差异主要表现在 645~680 nm(红光波段),较正常值偏高;757~917 nm(近红外波段),较正常值偏低;1428~1456 nm,较正常值高;1641~1684 nm,较正常值低,主要原因是渍害导致叶片叶绿素光合作用能力下降和叶片失水,水势降低引起的,因此建议用归一化差异水体指数(NDWI)的差异值反映小麦受渍情况。NDWI 指数的时间变化与品种抗渍能力基本吻合,受渍后小麦冠层的所有波段的光谱均低于正常小麦,建议用 670~2400 nm 光谱的均值差异反映小麦受渍情况。

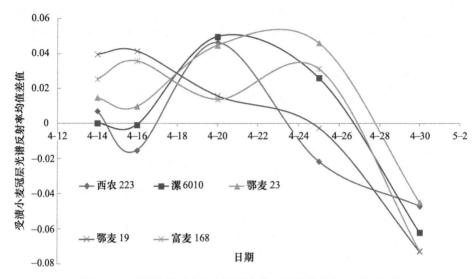

图 1.20　不同品种受渍小麦冠层光谱反射均值差值随时间变化

综上所述,受渍后叶片光谱特征较正常叶片的差异主要表现在 645～680 nm 区间(红光波段),较正常值偏高;757～917 nm 区间(近红外波段),较正常值偏低;1428～1456 nm 区间,较正常值高;1641～1684 nm 区间,较正常值低,主要原因是渍害导致叶片叶绿素光合作用能力下降和叶片失水,水势降低引起的,建议用归一化差异水体指数(NDWI)的差异值反映小麦受渍情况,NDWI 指数的时间变化与品种抗渍能力基本吻合,受渍后小麦冠层的所有波段的光谱均低于正常小麦,建议用 670～2400 nm光谱的均值差异反映小麦受渍情况。

### 1.4.2　基于光谱特征的小麦渍害遥感监测技术存在的问题

遥感技术因其宏观性、时效性和先进性无疑成为农作物渍害监测预警时空信息提取的最佳手段,但也存在如下问题。

**(1)渍害光谱特征或者渍害遥感指数的逆向性问题**

目前运用 NDVI、近红外波段的反射率 Nir 及植被指数 GNDVI 能很好地反映湿渍害或者涝害后农作物光谱特性差异(熊勤学 等,2016;韩佳慧,2017),但这些差异性也有可能是其他环境逆境引起的,并非具有唯一性,缺乏对或其他灾害的区分判断能力(Ghulam et al.,2007;Sandholt et al.,2002)。

**(2)土壤水分与光学遥感数据反演的饱和性问题**

在土壤水分较少的时候,特别是干旱遥感监测上,运用光学遥感数据进行反演,如热惯量法、基于归一化差分植被指数与地表温度的特征空间方法、反射率光谱特征空间方法还是比较准确的,但如果土壤水分过多,即在土壤相对湿度为 80%～

100％，则上述遥感指数表现没有差异(Price,1985)。

**(3) 遥感的瞬间性不能反映渍害过程问题**

受渍小麦在生理生态上表现是一个相当长的过程，并且具有滞后性。通常渍害发生时，其特征较正常农作物差异不明显，而遥感是瞬间获取农田光谱信息，不能反映渍害变化过程，因此直接运用受渍光谱特征差异提取受渍小麦的时空分布信息变得困难。

# 参考文献

韩佳慧,2017. 地块尺度冬油菜湿渍害遥感监测方法研究[D]. 杭州:浙江大学.

姜东,谢祝捷,曹卫星,等,2004. 花后干旱和渍水对冬小麦光合特性和物质运转的影响[J]. 农作物学报,30(2):175-188.

李必华,刘百韬,李正浩,2003. 江汉平原涝渍地域分异规律研究[J]. 长江流域资源与环境,12(3):285-288.

李金才,常江,魏凤珍,1997. 小麦湿害生理及其与小麦生产的关系[J]. 植物生理学通讯,33(4):304-312.

盛绍学,石磊,张玉龙,2009. 江淮地区冬小麦渍害指标与风险评估模型研究[J]. 中国农学通报,25(19):263-268.

石春林,金之庆,2003. 基于 WCSODS 的小麦渍害模型及其在灾害预警上的应用[J]. 应用气象学报,14(4):142-146.

汪宗立,丁祖性,娄登仪,1981a. 小麦湿害及耐湿性生理研究. I 小麦个体发育过程中对小麦过湿反应的敏感期[J]. 江苏农业科学(4):10-18.

汪宗立,丁祖性,1981b. 小麦湿害及耐湿性生理研究. II 不同生育期土壤过湿对小麦某些生理过程的影响[J]. 江苏农业科学(6):1-8.

王春林,陈慧华,唐力生,等,2012. 基于前期降水指数的气象干旱指标及其应用[J]. 气候变化研究进展,08(3):157-163.

吴晓丽,汤永禄,李朝苏,等,2015. 不同生育时期渍水对冬小麦旗叶叶绿素荧光及籽粒灌浆特性的影响[J]. 中国生态农业学报,23(3):309-321.

吴子君,张强,石彦军,等,2017. 多种累积降水量分布函数在中国适用性的讨论[J]. 高原气象,36(5):1221-1233.

熊勤学,王晓玲,王有宁,2016. 小麦渍害光谱特征分析[J]. 光谱学与光谱分析,36(8):2558-2561.

熊勤学,田小海,朱建强,2017. 基于 DHSVM 模型的农作物渍害时空分布信息提取[J]. 灌溉排水学报,36(6):8-18.

余卫东,冯利平,刘荣花,2013. 玉米涝渍灾害研究进展与展望[J]. 玉米科学,21(4):144-152.

AFZAL F,CHAUDHARI S K,GUL A,et al,2015. Bred wheat(Triticum aerstvuml)under biotic and abiotic stresses:an overview [M]. Springer International Publishing:301-302.

ARMSTRONG W,1980. Aeration in higher plants. Advances in Botanical[J]. Research,7,

225-332.

ASSENG S,KEATING B A,HUTH N I,et al,1997. Simulation of perched watertables in a duplex soil. Proceedings of the International Congress on Modelling and Simulation,Hobart,Tasmania. : 538-543. (Modelling & Simulation Society of Australia: Canberra).

BEVEN K J,KIRKBY M J ,1979. A physically based,variable contributing area model of basin hydrology [J]. Hydrological Sciences Bulletin(24): 43-68.

BORU G,VANTOAI T,ALVES J,et al,2003. Response of soybean to oxygen deficiency and elevated root zoon carbon dioxide concentration [J]. Annals of Botany,91(4): 448-452.

BRISSON N,REBIRE B,ZIMMER D,et al,2002. Response of the root system of a winter wheat crop to waterlogging [J]. Plant and Soil,243(1):48-53.

EVANS J R,VON C S,1996. Carbon dioxide diffusion inside Leaves [J]. Plant Physiology,110: 342-344.

GHULAM A,QIN Q,ZHAN Z,2007. Designing of the perpendicular drought index[J]. Environmental Geology,52(6):1045-1052.

HARGREAVES G H,ALLEN R G,2003. History and evaluation of Hargreaves evapotranspiration equation[J]. Jounal of Irrigation and Drainage Engineering,129(1): 53-63.

HILER E A,1969. Quantitative evaluation of crop-drainage requirements[J]. Am Soc Agric Engr Trans,12:499-505.

LIZASO J L,RITCHIE J T,1997. A modified version of CERES to predict the impact of soil water excess on maize crop growth and development. Applications of Systems Approaches at the Field Level:153-167.

MALK A I,COLMER T D,LAMERS H,et al,2002. Short-term waterlogging has long-term effects on the growth and physiology of wheat [J]. New Phytologist,153(2): 225-232.

MOHAMMAD E G,MOKHTAR G,ALIREZA Z,2017. Effect of waterlogging at different growth stages on some morphological traits of wheat varieties[J]. International Journal of Biometeorology,61:635-645.

NOBRE A D,CUARTAS L A,HODNETT M,et al,2011. Height above the nearest drainage: a hydrologically relevant new terrain model[J]. Journal of Hydrology,404(1/2):13-29.

PRICE J C,1985. On the analysis of thermal infrared imagery: The limited utility of apparent thermal inertia[J]. Remote sensing of Environment,18(1):59-73.

QIAN L,WANG X G,LUO W B,et al,2017. An improved CROPR model for estimating cotton yield under soil aeration stress [J]. Crop & Pasture Science,68:366-377.

RUTH E S,WAYNE S M,2015. Improved empirical representation of plant responses to waterlogging for simulating crop yield [J]. Agronomy Journal,107(5):1711-1724.

SANDHOLT I,RASMUSSEN K,ANDERSEN J,2002. A simple interpretation of the surface temperature/vegetation index space for assessment of surface moisture status[J]. Remote Sensing of Environment,79(2/3): 213-224.

SHAO G C,LAN J J,YU S E,et al,2013. Photosynthesis and growth of winter wheat in response to waterlogging at different growth stages [J]. Photosynthetica,51(3):429-433.

SHAW R E,MEYER W S,MCNEILL A,et al,2013. Waterlogging in Australian agricultural land-scapes: a review of plant responses and crop models [J]. Crop Pasture Science,64:549-562.

XU C Y,SINGH V P,2001. Evaluation and gene ralization of temperature—based methods for cal-culation evaporation [J]. Hydrological Processes,15(2):305-319.

ZHAO B,DAI Q,HAN D,et al,2019. Estimation of soil moisture using modified antecedent precip-itation index with application in landslide predictions,Landslide,16(12): 234-243.

# 第2章 实现小麦渍害监测信息提取主要方法

潜在渍害是指在没有考虑小麦耐渍能力的情况下,农田地下水位过高或耕作层土壤含水量过大,土壤水饱和区侵及根系密集层,使根系长期缺氧,根系呼吸速率和根系活力下降,造成农作物生长发育不良而减产的一种农业气象灾害(朱建强,2007;蔡述明,等,1996)。湖北省汉江平原因地势低洼、雨水较多、排水不良等原因,每年3—4月夏收作物(小麦、油菜)常常遭受季节性或长期性渍害影响。据统计,受渍害农田面积占总耕地面积的40.6%。与同类地区丰产田相比,受渍农田油菜产量偏低40%~60%,小麦产量偏低50%~70%,灾害严重的年份甚至绝收,渍害已成为阻碍该地区农业持续稳定发展的主要限制因子。与此同时,渍害具有隐蔽性和慢性特征,很难快速、及时地诊断,给渍害的监测带来很大的困难。

国外对潜在渍害农田的流域尺度辨别与研究主要集中在河流过渡灌溉下的农田,因其常伴随着盐碱化,所以盐碱化与渍害的研究联系在一起(Rhoades et al.,1992;Singh,2011;Ram,1996)。主要方法有2种,一种是利用卫星结合地下水位观测数据(Singh,2011)反演受灾面积;另一种是运用水文模型(Lan et al.,2006;Chowdary et al.,2008;Ajay,2012,2013;Groundwater,2010;Singh,2012b;Oosterbaan et al.,2001;Oosterbaan et al.,1995;Singh,2012c,2012d)以季节为单位模拟灌溉农田的土壤水分中的盐浓度、地下水量、排水流量、地下水位深度空间分布。渍害空间分布的监测基本没有涉及。

国内对渍害监测的研究主要集中在气象要素构建渍害的分级指标研究上,如吴洪颜等(2012)等运用较好的反映冬小麦春季渍害特征的3个气象要素(旬降雨量、旬日照时数和旬雨日),构建冬小麦渍害风险指数;盛绍学等(2009)采用同样的方法综合考虑降水量、降水日数和日照要素后确定了冬小麦渍害灾害分级指标。这种仅考虑气象条件和指标构建法在大尺度潜在渍害的监测上适用,但对于县级等中小尺度气象要素水平空间分布不明显的条件下进行潜在渍害监测并不合适,而且影响潜在渍害的因素不仅只有气象条件,还有地势、土壤类型、土地利用现状、河网和农田排灌条件等因素,单纯用气象条件进行监测与预报,其精度不高。

本章以湖北省监利市为例,分别讲述如何运用土壤水文植被模型方法、微波(光学)遥感数据提取土壤水分技术、遥感数据融合技术,实现小麦潜在渍害高时空分辨率(时间分辨率为天,空间分辨率为90 m)信息提取。

　　监利市位于湖北省和江汉平原南部,荆江北岸(图 2.1)。监利市南北长 74 km,东西宽 60 km,总面积为 3508 km²,海拔一般在 23～28 m,总地势分布是西、南、北三面较高,中部及东部较低,自身形成一个独立的水系。土壤类型:东部以沼泽型水稻土为主,中部主要为潜育型水稻土和沼泽型水稻土;南部、西部与北部均为灰潮土;监利市属亚热带季风气候区,光能充足、热量丰富、无霜期长。

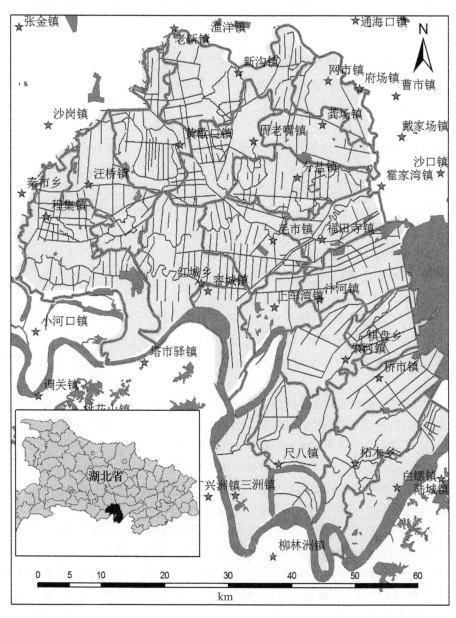

图 2.1　监利市位置图

# 2.1 基于土壤水文植被模型的小麦渍害监测

## 2.1.1 分布式水文土壤植被模型（DHSVM:distributed hydrology soil vegetation model）

分布式流域水文模型为全面考虑降雨和下垫面空间不均匀性的模型,能够充分反映流域内降雨和下垫面要素空间变化对洪水形成的影响。模型能全面地利用降雨的空间分布信息,模型参数的空间分布能够反映下垫面自然条件的空间变化,模型的输出具有空间不均匀性,如蒸发、土壤水分、径流深等。分布式流域水文模型的主要思路是:将流域划分成若干网格,对每个网格分别输入不同的降雨量,根据各网格内植被、土壤和高程等情况,对每个网格采用不同的产流计算参数分别计算产流量,通过比较相邻网格的高程确定各网格的流向,根据各网格的坡度、糙率和土壤等情况确定参数,将其径流演算到流域出口断面得到流域出口断面的径流过程。模型的参数由地形、地貌数据结合实测历史洪水资料计算得到。

常用的分布式水文模型都有一定的假设,如:

(1)最小水文计算单元的地表面为具有一定坡度的坡面,单元流域的土层厚度和土壤的特性假定具有均一性。

(2)单元流域的产流量(包括地表径流、壤中流和地下径流)全部经过河道进入下一个单元流域,即单元流域只有一个水流出口。

(3)若单元流域内存在水库,假定水库位于单元流域的出口处,并视为一个独立对象。

DHSVM 在流域数字高程模型(DEM)的网格尺度(水平分辨率为 $10\sim200$ m)上对土壤湿度、雪盖、蒸发的空间分布以及径流过程进行动态描述(时间跨度为 $1\sim24$ h)。以 DEM 的节点为中心,流域被分成若干计算网格单元。地形特性用于模拟流域地形对短波辐射吸收、降雨、气温和坡面流的作用。

流域的每个网格都被赋予了各自的土壤特性和植被特性,在整个流域上,这些特性随空间位置的不同而变化。在每一个网格内,假设地表由植被和土壤组成。每一计算时段内,模型对流域内各网格的能量平衡方程和质量平衡方程进行联立求解,各网格之间则通过坡面流和壤中流的汇流演算发生水文联系。

图 2.2 是 DHSVM 模型描述流域的示意图。从水平方向看,每个网格点与其相邻的 8 个网格点交互;从垂直方向看,每个网格点分为植被层和土壤层,而土壤层又被分为表面土壤层和地下土壤层,且表面土壤层还可能存在积雪层。图中所示箭头表明三层之间交互作用的方向。

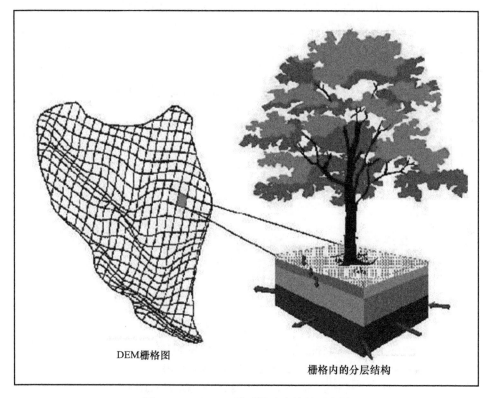

图 2.2　DHSVM 模型描述流域的示意图

　　冠层截雪和释放模型采用单层的质量、能量平衡模型来模拟。冠层下面（或露天）的积雪和融雪模型则采用双层的质量、能量平衡模型来模拟,同时也充分考虑了地形和植被覆盖对积雪表层的质量、能量交换的影响。

　　冠层蒸发过程采用了双层模型,每一层又分为潮湿和干燥两部分。采用达西定律计算流经多个根系土壤层的不饱和壤中流的运动。底层根系土壤层的出流补给该网格的地下水,相邻网格之间水量交换是由高到低流动,并最终流向河道。在每一个网格内(图 2.3),如网格 1 中的向下箭头所示,下层根系的渗漏水流向地下水。如水平箭头所示,相邻网格之间的水流交换导致水流向下游运动并流向河道。当网格地下水位升至河床高程以上时,壤中流就会产生进而向河道汇集。当坡面流流向下游邻近网格时,如果下游网格存在不饱和土壤区,那么坡面流会再次下渗(网格 3 和网格 5 的坡面流分别在网格 4 和网格 6 再次下渗),每一个网格与其相邻网格的水量交换,是按照坡面流、饱和土壤水和非饱和土壤水 3 种基本方式进行的,因此一般采用三维水流运动方程描述。当网格的地下水位线上升至地面时就会产生回归流和饱和坡面流。

　　河网水系由一系列相互连通的河段组成,每一河段又穿过一个或多个 DEM 网格。当坡面流和壤中流向下游河道推进时,中途可能被道路网格拦截。当网格地下水位高于穿过网格的道路排水沟的高程时,道路会截留壤中流。路边沟渠内的水流沿道路排水网流向下水道或河道。如果道路横穿一条河,其截留的水会流入适当的河段并沿河道汇流。从下水道中流出的水沿下水道下面的坡面运动时会再下渗。随着网格地下水位高于或低于河床高程,道路排水渠或河网的截留作用会加强或减小。道路排水或河道的流量演算采用串连的线性水库进行模拟。

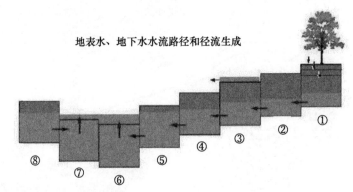

网格 (1~5,8):基于局部地下水位坡度的地表水流再分配

网格 (6,7):地下水饱和产生的地表径流流向下坡相邻网格

网格(3):地下水渗透过剩产生的地表径流流向下坡相邻网格

河道网格 (含道路网络) 会拦截地下水流 (取决于河道或者道路深度)

用线性间隙式排水模型模拟水库水流动

图 2.3   DHSVM 模型原理示意图

DHSVM 是具有物理意义的分布式水文模型,该模型在数字高程模型(DEM)的尺度基础上对流域的水文过程作整体描述。该模式主要由 6 个模块组成:①两层植被模式,Penman-Monteith 方法模拟植被和土壤蒸发过程;②能量、质量平衡模式用于模拟积雪、融雪、冻结和升华等过程;③两层根带模式,用于模拟水分在未饱和土壤中的运动;④准三维路径模式用于模拟饱和土壤中的壤中流模式结构;⑤逐网格计算和单位线法计算地面径流(如果网格内有公路或河道截留则必须采用前者);⑥采用线性水库演算河道和排水沟的汇流。

## 2.1.2   基于土壤水文植被模型的小麦潜在渍害监测实现方法

对夏收作物(小麦和油菜)潜在渍害监测采用方法为:运用 DHSVM 模型在高程数据、气象数据、土壤类型数据和土地利用数据的支持下,以天为单位模拟农田水分变化,得到空间分辨率为 90 m 的农田中不同深度土壤湿度和地下水位埋深的空间分布,结合夏收作物渍害辨别标准,得出夏收作物潜在渍害空间分布。图 2.4 为夏收作物潜在渍害监测计算流程。

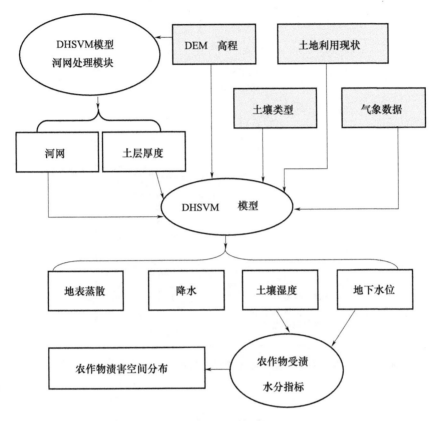

图 2.4　夏收作物潜在渍害监测计算流程

DHSVM 模型输入参数:

**(1) 气象数据**

气象数据主要选取监利市 22 个自动气象站(空间分布见图 2.5)逐时资料,主要包括风速、气温、湿度、小时降水量等,而太阳辐射和长波辐射数据只有一个气象站(程集),是本实验特设的一个 HOBO 15 要素自动气象站,从 2012 年 4 月 28 日开始观测,至 2015 年 12 月 31 日,每 15 min 观测一次。

**(2)DEM 数据**

DEM 数据采用美国航空航天局的 SRTM(shuttle radar topography mission)数据,空间分辨率为 90 m,因此整个 DHSVM 模型每个栅格的长度为 90 m,由互联网下载而来,网址为:http://srtm.csi.cgiar.org/SELECTION/inputCoord.asp。

**(3)土壤类型数据**

土壤类型数据来自 1:12 万监利市土壤类型地图电子化而来,主要取 3 种土壤类型:灰潮土、水稻土、黄综壤土,具体空间分布见图 2.6。

图 2.5　监利市自动气象站与土壤湿度和地下水位观测点的空间分布

图 2.6　监利市土壤类型空间分布

**(4)土地利用现状数据**

土地利用现状数据利用高分一号 CCD 数据,采用农作物时序特征提取方法,具体提取方法见参考文献(熊勤学 等,2009;2017),结果见图 2.7。

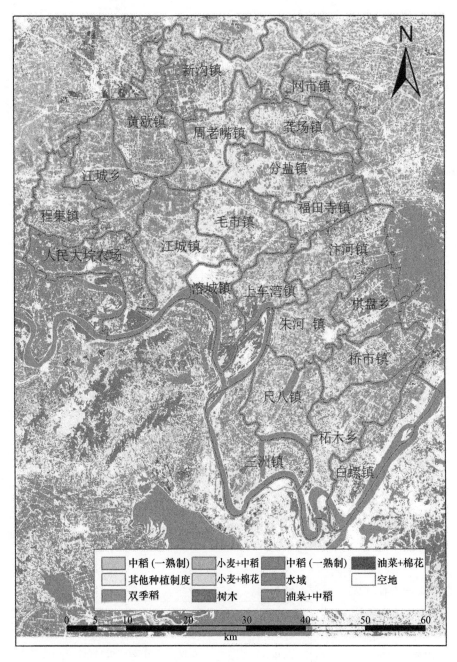

图 2.7　监利市土地利用现状(另见彩图)

将土地利用现状分为中稻(一熟制)、小麦＋中稻、油菜＋中稻、棉花(一熟制)、小麦＋棉花、油菜＋棉花、双季稻、树木、水域、空地、其他种植制度 11 种土地利用现状。

**(5)模型调参与适应性分析**

模型中使用的土壤、农作物相关模型参数主要来自参考文献(Lan et al.,2006;吴华山 等,2006)和模型缺省数据。对于横向水力传导系数、水力传导系数下降指数、土壤孔隙度、田间持水量、最小气孔阻抗(Tesfa et al.,2010)等 DHSVM 模型比较敏感的参数,本书选择优化对象为灰潮土的横向水力传导系数,其他土壤类型根据模型缺省值结合灰潮土参数进行线性放大与缩小。调参步骤为:首先利用 DHSVM 模型,结合 2013 年 1 月 1 日—5 月 24 日程集自动气象站每天的观测点(棉田)0～30 cm 土层土壤体积含水率均值作为观测数据对模型进行调参,通过人工不断调整修正系数,最后选取 Nash-Stucliffe 效率系数最大值 0.746(样本数为 144 个)时的参数作为模型确定参数,具体设置见表 2.1。

**表 2.1 DHSVM 模型中土壤类型参数设置**

| 土壤参数 | 灰潮土 | 水稻土 | 黄综壤土 | 水体 |
|---|---|---|---|---|
| 横向饱和导水率/(m/s) | 0.02 | 0.01 | 0.05 | 0.01 |
| 横向饱和导水率随深度的递减指数 | 1.0 | 0.1 | 1.2 | 2.0 |
| 最大渗透率($e^{-5}$m/s) | 3.0 | 1.4 | 2.0 | 1.0 |
| 地表反射率 | 0.15 | 0.25 | 0.15 | 0.10 |
| 土壤空隙度(三层) | 0.50 | 0.55 | 0.20 | 0.08 |
| | 0.48 | 0.53 | 0.22 | 0.08 |
| | 0.42 | 0.52 | 0.24 | 0.08 |
| 田间持水量(三层) | 0.30 | 0.32 | 0.29 | 0.36 |
| | 0.31 | 0.34 | 0.31 | 0.36 |
| | 0.32 | 0.36 | 0.32 | 0.36 |
| 凋萎系数(三层) | 0.21 | 0.14 | 0.14 | 0.27 |
| | 0.21 | 0.14 | 0.14 | 0.27 |
| | 0.21 | 0.139 | 0.14 | 0.27 |
| 空隙大小分布(三层) | 0.15 | 0.22 | 0.20 | 0.08 |
| | 0.13 | 0.25 | 0.22 | 0.08 |
| | 0.13 | 0.28 | 0.24 | 0.08 |
| 土壤发泡点(m,三层) | 0.35 | 0.22 | 0.11 | 0.37 |
| | 0.35 | 0.25 | 0.11 | 0.37 |
| | 0.35 | 0.28 | 0.11 | 0.37 |

续表

| 土壤参数 | 灰潮土 | 水稻土 | 黄综壤土 | 水体 |
|---|---|---|---|---|
| 垂直传导率($e^{-5}$ m/s 三层) | 1.7 | 2.0 | 1.2 | 1.0 |
| | 1.7 | 2.0 | 1.2 | 1.0 |
| | 1.7 | 2.0 | 1.2 | 1.0 |
| 土壤容量(kg/m³,三层) | 1381 | 1160 | 1485 | 1394 |
| | 1381 | 1280 | 1485 | 1394 |
| | 1381 | 1450 | 1485 | 1394 |
| 热容量( E6 J/(m³·K),三层) | 1.4 | 1.4 | 1.4 | 1.4 |
| | 1.4 | 1.4 | 1.4 | 1.4 |
| | 1.4 | 1.4 | 1.4 | 1.4 |
| 土壤导热率(W/(m·K),三层) | 7.11 | 7.11 | 7.11 | 7.11 |
| | 6.92 | 6.92 | 6.92 | 6.92 |
| | 7.00 | 6.92 | 7.00 | 6.92 |

### 2.1.3 基于土壤水文植被模型的小麦潜在渍害监测效果分析

模拟 2013 年 5 月 25 日—2015 年 12 月 31 日每天的土壤水分结构,将其第 1 层土壤体积含水率的模拟值与 0~30 cm 土层土壤体积含水率的观测值对比(图 2.8),两者之间的复相关系数($R^2$)为 0.6662(样本数为 951 个),用均方根误差公式计算两者拟

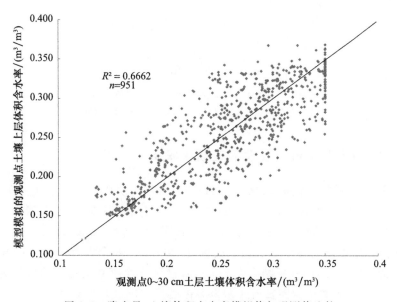

$R^2 = 0.6662$
$n=951$

图 2.8 降水量、土壤体积含水率模拟值与观测值比较

合程度,得到 RMSE(root mean square error)均方根误差值为 0.035,证明用 DHS-VM 模型模拟监利市土壤墒情的时间变化规律比较准确。最后以天为步长模拟 1970—2009 年每年夏收生长期(3 月、4 月)的土壤表层水分的空间分布作为分析数据,其具体调参、验证与模拟方法见文献(熊勤学,2015)。

为验证 DHSVM 模型模拟结果的空间变化正确性,2015 年 4 月 24 日在监利市程集镇随机选取 15 个农田观测点,挖坑静置 2 h 后观测地下水位埋深,图 2.9 为地下水位埋深与 DHSVM 模型地下水位埋深模拟值的比较,两者有明显的相关性,复相关系数为 0.56,样本为 15 个,证明用 DHSVM 模型能准确表示地下水位埋深的空间分布。

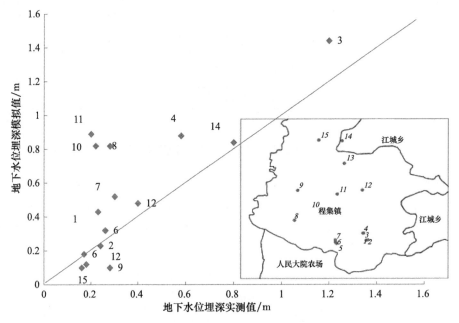

图 2.9　地下水位埋深观测值与模拟值比较
(每个标记值为观测点的序号,右下角为观测点的空间位置)

### 2.1.4　DHSVM 模型反演潜在渍害农田的结果验证

运用 DHSVM 模型模拟 2014 年 4 月 28 日土壤表层体积含水量(4 月 19—25 日降水总量达 62 mm)和地下水位埋深的空间分布,得出 4 月 28 日潜在渍害农田区的空间分布(图 2.10)。同时 4 月 28 日实地调查了 36 个点,以农田农沟、毛沟有明水持续 3 d 作为是否是潜在渍害农田区的标准,36 个中 28 个为潜在渍害农田区,8 个为非潜在渍害农田区,而模拟结果中 7 个点有错误(5 个潜在渍害农田区标为非潜在渍害农田区,2 个非潜在渍害农田区标为潜在渍害农田区),准确率为 86%。采用同样的方法对 2015 年 4 月 10 日(4 月 2—7 日降水总量达 184 mm)进行模拟(图 2.10)

的同时,集中对程集镇 31 个地方进行了调查,25 个潜在渍害农田区,6 个非潜在渍害农田区,模型模拟结果有 9 个有差异(7 个潜在渍害农田区标为非潜在渍害农田区,有 2 个非潜在渍害农田区标为潜在渍害农田区),准确率为 71%。通过 2 次实地调查,证明用 DHSVM 模型反演潜在渍害农田区的方法比较准确。

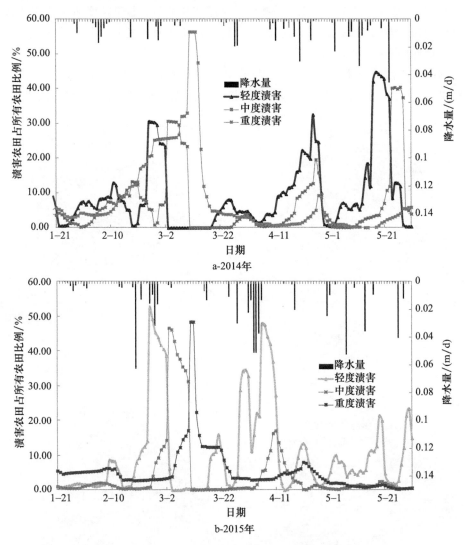

图 2.10　轻度、中度、重度受渍面积百分比随时间变化曲线

## 2.1.5　监利市作物渍害时空分布信息的提取

将夏收作物渍害辨别标准规则编成 IDL 语言,将 2014—2015 年监利市农田土壤表层相对含水量模拟数据和地下水位埋深的模拟数据代入程序中,得到 2014—

2015 年监利夏收作物渍害 3 种类型（轻度、中度、重度）的时空分布信息。统计每天 3 种类型受渍农田占总农田的比例，得到监利市渍害随时间变化规律（图 2.10）。

由图 2.10 可以看出，2014—2015 年 3 月上中旬，由于降水比较密集，阴雨天多，持续时间长，出现了监利全市范围的夏收作物渍害，重度渍害受灾面积超过 50%，而其他时期，尽管日降水量大，但因为降水不是很集中，只会出现轻度渍害或者中度渍害，对夏收作物产量相对影响小，因此可以得出每年 3 月份的降水是造成监利市夏收作物产量低的主要原因。

同时从空间分布来看（图 2.11），尽管 3 月上中旬监利市受渍严重，但从图上可以看出，监利市的中部地区，尽管地势相对比较低，但因河网发达，渍水排出迅速，造

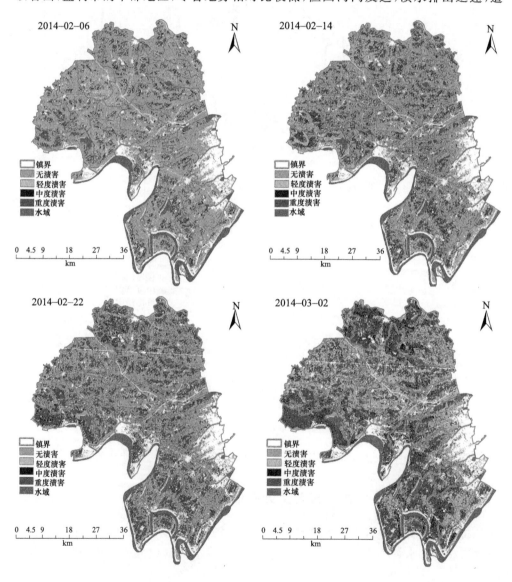

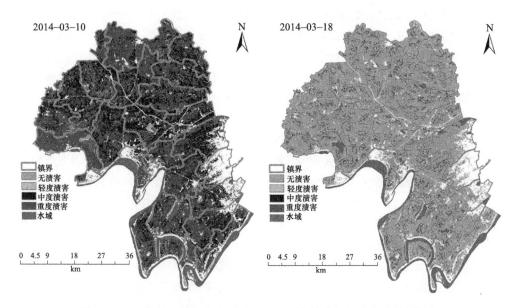

图 2.11　2014 年 2 月 14 日—4 月 8 日监利市渍害空间变化(另见彩图)

成受渍程度相对比较低,只为中度渍害或者轻度渍害;而北部和南部地区,尽管地势相对高,但河网复杂,排渍能力受阻,渍害相对严重;而沿江地区因为地势高,多为旱地,基本不受渍害的影响。这一结论与监利市各乡镇小麦单产的分布是一致的。

将分布式土壤植被 DHSVM 模型引用到县级夏收作物潜在渍害农田的监测研究中,相比利用气象要素单一因子进行渍害监测,综合考虑了气象条件、地形、农作物类型、土壤类型、水文要素的影响,监测精度有较大的提高。从结果分析可以得出运用 DHSVM 模型监测潜在渍害农田区是可行的,并且结果是准确的。

DHSVM 模型也有值得改进的地方,模型没有考虑过水(长江)水位差异对流域的影响,也没有考虑排灌站因素的影响,如何将 2 个因素加入 DHSVM 模型是未来主要拓展的方向。

## 2.2　基于雷达卫星数据时序特征的农田表层土壤水分的反演

土壤水分监测方法很多,遥感监测土壤水分因具有时效快、动态对比性强、长时期动态大区域监测以及良好的时空分辨率等优点,能为区域尺度的土壤水分信息的获取提供有效手段(杨涛 等,2010),是目前大区域范围内土壤水分监测的主要方法。

遥感反演土壤水分的方法和模型非常多,主要分为光学遥感和微波遥感 2 种。

光学遥感主要有植被指数法、植被—温度指数法、热惯量模型、蒸散模型等

(Price,1982;Kogan,1990;张霄羽 等,2008;仝兆远 等,2007)。

微波遥感因其全天候观测能力及后向散射系数与土壤湿度敏感性等原因成为定量反演表层土壤水分的最佳选择(Belen et al.,2010)。其后向散射系数除了与土壤湿度相关外,还与土壤粗糙度和农田植被相关,而土壤粗糙度和农田植被会影响其精度,因此目前有很多致力于消除这2个因素影响的土壤水分反演方法(Dobson et al.,1996)。其中运用 SAR 数据反演土壤湿度和表面粗糙度有理论方法和统计学方法。第一种最常用的理论方法为积分方程法(IEM 模型)(Fung,1992),它能表示波长、极化、入射角(雷达参数)和土壤参数(表面粗糙度、介电常数)和雷达后向散射的关系,但由于受土壤粗糙度不确定性的影响,计算结果与实际相差较大。第二种为统计学方法,它建立在大量的观测数据(土壤湿度和雷达数据)基础之上,但经验公式推广性差,限制其应用性。目前一般采用半经验模型,如 OH 模型(OH model)通过分析土壤水分对不同极化 SAR 反应发现,$\sigma_{HH}/\sigma_{HV}$ 比值与土壤粗糙度相关性差,而与土壤湿度呈线性关系(OH,2004;OH et al.,1992,1998)。分析农田上的植被与土壤水分关系的半经验模型有 Joseph 等(2008)提出的比率模型(Ratio method),它认为植被的后向散射系数与土壤的后向散射系数只与植被含水量有关。还有半经验水云模型和 MIMICS 模型(michigan microwave canopy scattering model)(Ulaby et al.,1990;Wigneron et al.,2003;Alvarez et al.,2006),其中 Attema 等(1978)提出的水云模型(water-cloud model)是在微波遥感土壤水分研究中最有影响力、应用最广泛的模型,该模型的优点在于:物理过程清晰明了,模型形式简明扼要。水云模型把地表的植被层简化为有一定厚度的、均匀覆盖于地表之上的、大小相同形状相同的散射体。微波与植被—土壤的相互作用过程被简化为植被层的体散射与经过植被层双程衰减之后的地表散射之和,很适合于农田表层土壤水分反演。由于这些模型需要大量地面数据作为参数,因此很难在实际业务中使用。

环境卫星(ENVISAT)是欧洲航天局 2002 年 3 月 1 日发射的一颗与太阳同步的极轨卫星,可以提供关于大气、海洋、陆地和冰的测量信息及对环境、气候变化进行监测。ENVISAT 上搭载的 ASAR(advanced synthetic aperture radar)传感器运行波长为 5.6 cm(C 波段),频率为 5.3 GHz。ASAR 所有工作模式(Image 模式、Alternating Polarization 模式、Wide Swath 模式、Global Monitoring 模式及 Wave 模式)在发射和接收时都可以选择 H 或者 V 极化,相应得到 HH 或 VV 极化图像。GM(global monitoring)模式扫描宽度为 800 km,3.5 d 重访一次。ASA_GM_1P 产品数据为 HH 极化产品,空间分辨率为 1 km,产品像元尺寸为 500 m,尽管它的空间分辨率不高,但由于重访周期短,是动态监测大尺度地区土壤水分的理想产品。SADC(the aouthern african development community)(Iliana et al.,2010)用它来监测整个非洲土壤水分的动态变化(http://www.ipf.tuwien.ac.at/radar/share/index.php? go=home),但由于其没有考虑植被影响因子,只适合裸土的土壤表层水分变化。将 ASAR GM 数据使用到大尺度农田土壤表层水分反演中,可达到动态监测大范围农田墒情的目的。

## 2.2.1　四湖地区棉田土壤表层水分反演过程

### (1)ASAR GM 数据混合像元提取

Envisat ASAR GM 数据的空间分辨率为 1 km,由于每个像元的值是由各种土地利用类型的后向散射系数组成的混合体,为了准确分析某一特定的土地利用类型(比如旱田)的后向散射系数的大小,需要对混合像元进行分解。这里采用 Alexander L(Alexander et al. ,2006)对 ASAR Wide Swath and Image 数据分解方法,计算公式为:

$$\sigma_i^0 = \left(\sigma - \sum_{k=1}^{n} \lambda_k \sigma_k\right)/(1 - \lambda_i) \tag{2.1}$$

式中 $\sigma_i^0$ 表示修正后的旱地(类型 $i$)的后向散射系数;$\sigma$ 表示观测的混合像元后向散射系数;$\sigma_k$ 表示类型 $k$ 在相同入射角条件下的纯像元的后向散射系数;$\lambda_k$ 表示类型 $k$ 在混合像元中的相对面积(面积百分比);$\lambda_k$ 值由 MODIS 反演的空间分辨率为 250 m 的土壤利用现状数据计算。

### (2)基于水云模型的植被层下土壤后向散射系数值提取

运用半经验公式水云模型来计算旱地下土壤的后向散射系数值,水云模型是最先由 Attema 等提出(1978),后经多人不断完善的一个半经验模型(Hoekman et al. ,1982;Paris,1986;Ulaby et al. ,1984)。水云模型的假设条件为:

①植被里的水分均匀分布在植被层内。

②土壤层与植被层相互多次散射被忽略。

③影响植被层微波信号衰减的因素只有 2 个:植被层厚度与植物冠层的含水量。水云模型的计算公式为:

$$\sigma^0 = \sigma_{veg}^0 + \tau^2 \sigma_{soil}^0 \tag{2.2}$$

式中 $\sigma^0$ 来自冠层的后向散射系数($m^2/m^2$);$\sigma_{soil}^0$ 是土壤表层的后向散射系数($m^2/m^2$);$\sigma_{veg}^0$ 是植被产生的后向散射系数($m^2/m^2$);$\tau^2$ 双程衰减系数。

$\tau^2$ 与 $\sigma_{veg}^0$ 的计算公式为:

$$\tau^2 = \exp(-2Bm_v/\cos\theta) \tag{2.3}$$

$$\sigma_{veg}^0 = Am_v \cos\theta(1 - \tau^2) \tag{2.4}$$

式中 $\theta$ 是入射角;$m_v$ 是冠层中水分含量($kg/m^3$);$A$ 和 $B$ 是与农作物类型相关的系数。$A$ 是最大可能的冠层衰减系数(因为 $\cos\theta$ 和 $\tau^2$ 都小于 1),因此 $A$ 可以理解为与植被密度相关的系数(0 为裸土,数据越高代表植被密度越大)。

K D Z 等(2007)比较了 3 种计算冠层中水分含量 $m_v$ 的计算方法后,认为叶面积系数(Lai:leaf area index)与 $m_v$ 呈明显的正相关,因此可以用 Lai 代替 $m_v$,而 $ai$ 指数

可以用光学遥感中归一化植被指数 NDVI 指数计算出,刘姣娣(2008)提出关于两者计算公式:

$$Lai = -54.863 + 157.972 \times NDVI + 105.10 \times NDVI^2 \qquad (2.5)$$

总结式(2.2)—式(2.4),植被冠层上的后向散射系数($m^2/m^2$)计算公式为:

$$\sigma^0 = A \times Lai \times \cos\theta - A \times Lai \times \cos\theta \times \exp(-2BLai/\cos\theta) + \exp$$
$$(-2B \cdot Lai/\cos\theta) \cdot \sigma^0_{soil} \qquad (2.6)$$

为了计算公式中的 $A$ 和 $B$ 值,假设一次透雨后(连接 3 d 大范围降水)第 2 天为阴天条件下,所有棉田的土壤表层相对含水量为 100%,即那天棉田后向散射系数水平差异很小,接近为一定数,式(2.6)变成了因变量为植被冠层上的后向散射系数,自变量为 LAI 指数、入射角的非线性回归模型。通过对四湖地区降水的分析,2007年 7 月 24 日、2008 年 7 月 24 日、2009 年 7 月 1 日这 3 天满足上述条件,把此 3 天棉田的后向散射系数、Lai 指数、入射角代入非线性回归模型,可计算出公式中的 $A$ 和 $B$ 的值,结果为:$A = 0.0517$;$B = 0.0639$;$\sigma^0_{soil} = 0.5185$。

非线性回归模型的样本数为 1856 个,复相关系数为 0.34,达到极相关水平,$A$、$B$ 计算值与 K D Z 等(2007)计算的农作物(春小麦、冬小麦、油菜)的 $A$、$B$ 值($A = 0.0846$,$B = 0.0615$)比较接近(它分析的数据为 C 波段 VV 极化 SAR 数据)。

总结上述分析,植被冠层上土壤的后向散射系数($m^2/m^2$)计算公式为:

$$\sigma^0_{soil} = \frac{\sigma^0 - 0.0517 \times Lai \times \cos\theta(1 - \exp(-2 \times 0.0639 Lai/\cos\theta))}{\exp(-2 \times 0.0639 \times Lai/\cos\theta)} \qquad (2.7)$$

**(3)旱田土壤体积相对含水量的反演**

植被冠层上土壤的后向散射系数(单位:db)与土壤体积相对含水量($SM$)的公式为(K D Z et al.,2007)。

$$\sigma^0_{soil}(db) = C + D \times SM \qquad (2.8)$$

式中土壤的后向散射系数的计算公式为:

$$\sigma^0_{soil}(db) = 10 \times \log_{10}\sigma^0_{soil} \qquad (2.9)$$

由公式(2.8)可知土壤的后向散射系数与土壤体积相对含水量呈简单的线性关系,即后向散射系数的方差与土壤体积相对含水量方差相同,因此很多研究基于 ASAR GM 数据的两者之间反演算法(刘姣娣 等,2008;Bindlish et al.,2001),主要提出的是获取某地长时间的 ASAR GM 数据后找出比较低的值,表示土壤表层水分比较小情况下的值,再找最大的值,表示土壤水分很大时的后向散射系数,由于两者呈明显的正相关,其土壤的土壤体积相对含水量(土壤表层厚度小于 2 cm)计算公式为:

$$SM = \frac{\sigma^0_{soil} - \sigma^0_{dry}}{\sigma^0_{wet} - \sigma^0_{dry}} \qquad (2.10)$$

它的假设条件为土壤粗糙度不变。比较 2007—2011 年土壤监测情况,由于四湖地区为湿润地区,出现绝对干旱情况基本没有,观测到的土壤表层最小相对体积含水量为 20%，因此将式(2.10)改为：

$$SM=\frac{\sigma_{\text{soil}}^{0}-\sigma_{\text{dry}}^{0}}{\sigma_{\text{wet}}^{0}-\sigma_{\text{dry}}^{0}}\times80\%+20\% \tag{2.11}$$

将 2007—2011 年每年 5 月至 10 月的所有接收的四湖地区上空的 ASAR GM 数据(79 景数据)按式(2.7)—式(2.11)计算，得到 2007—2011 年四湖地区土壤表层最小相对体积含水量的时空分布信息。

### 2.2.2　反演方法精度评价

方法反演的精度可根据模拟值和实测值之间的均方根误差 RMSE 进行评价 (Frison et al.，1996)，其公式为：

$$\text{RMSE}=\sqrt{\frac{1}{n}\sum_{i=1}^{n}(\text{OBS}_i-\text{SIM}_i)^2} \tag{2.12}$$

式中 $\text{OBS}_i$ 和 $\text{SIM}_i$ 分别是观测值和模拟值；$i$ 为样本的序号；$n$ 为样本数。

图 2.12 为观测区内的反演值与观测值随时间变化的对比图。由图可知，两者变化趋势基本一致，特别是 2009 年 8 月后的土壤干旱情况与实际很接近。将观测数据与计算值做统计分析(图 2.13)，其复相关系数为 0.779($n=25$)，达到极显著水平。运用式(2.12)计算得到的 RMSE 值为 0.009265，具有较高的模拟精度，证明采用的反演方法是正确的。

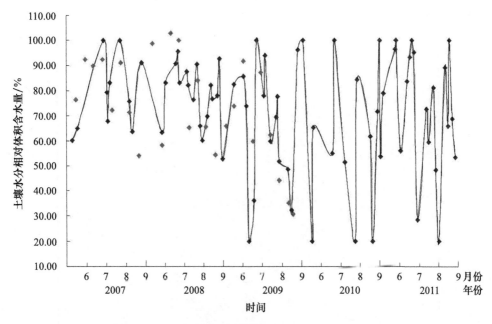

图 2.12　土壤表层水分计算值与模拟值随时间变化

(曲线表示计算值，点表示观测值)

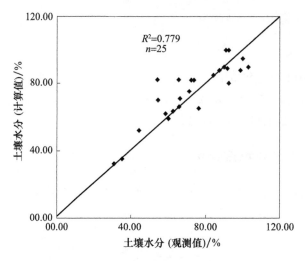

图 2.13　观测区计算值与观测值的比较

### 2.2.3　反演公式的应用

运用公式可计算出四湖地区有 ASAR 数据时的土壤表层湿度的时空分布,如可通过加权平均获取每月棉花田的土壤表层湿度的空间分布(图 2.14),也能反演干旱时(图 2.15)和湿润时(图 2.16)的旱田的土壤表层湿度的空间分布,能及时提供四湖地区土壤墒情。

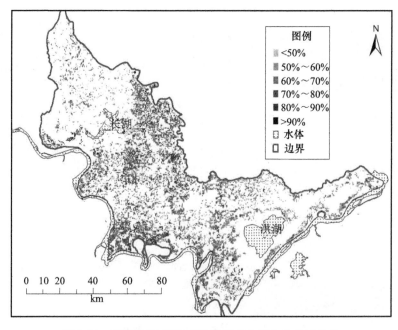

图 2.14　四湖地区 2011 年 8 月旱田土壤水分空间分布

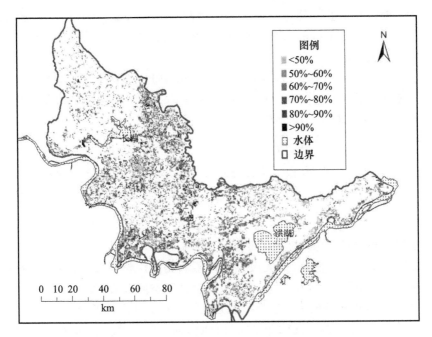

图 2.15　2009 年 9 月 14 日(干旱)四湖地区土壤水分空间分布

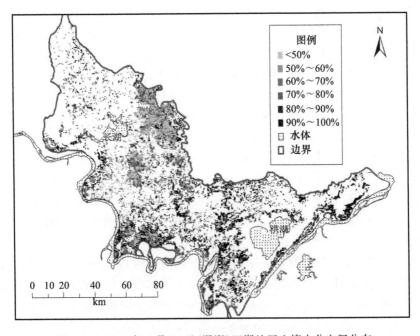

图 2.16　2011 年 6 月 24 日(湿润)四湖地区土壤水分空间分布

　　为了将 ASAR GM 数据运用到植被覆盖的土壤水分反演中,成功运用水云模型消除植被层后向散射的影响,模型中的参数采用 MODIS 数据进行反演,最后根据土

47

壤后向散射时序特征获得棉花田土壤表层体积相对含水量,通过与观测数据对比,证明这种方法是切实可行的,而且无需任何地面观测数据作支持,很适合对于那些缺少地面观测农田的土壤水分反演。

由于 ASAR GM 数据重访周期只有 3~4 d,加上全天候特点,在业务上运用是可行的。不足之处是其空间分辨率只有 1 km,如果能采用混合像元分析方法提高其空间分辨率,将大大增强利用价值。

## 2.3 前期降水指数结合 SAR 数据提取 农作物渍害空间分布信息

目前国内外对农作物渍害大尺度监测主要有 2 类方法,一类是运用多源遥感数据提取渍害的空间分布信息,如运用光学遥感数据采用热惯量法、相对温差法和光谱法分析正常农田及渍害田的差异提取农作物渍害空间分布(李元征 等,2012;金银龙 等,2014)。这种根据渍害遥感特征差异性提取法有一定的理论性,实现方法简单明了,主要问题是这些差异性的非唯一性问题,即农作物受其他环境胁迫的影响也会有类似特征出现。还有运用微波卫星数据反演土壤表层水分体积含水量实现大尺度农作物渍害监测(熊勤学,2011;胡佩敏 等,2014),此方法能准确反映土壤表层水分的空间分布,但农作物渍害识别是以受渍天数为衡量标准,卫星数据只能提取出卫星访问时刻的水分空间分布信息,没法获取重访周期内土壤水分的日变化过程。另一类是运用分布式水文模型提取农作物受渍的空间分布,此模型是将整个流域分成若干单元,通过计算每个单元的水平衡,运用气象数据、土壤数据、高程数据、土地利用数据,达到模拟农田土壤水分状况的目的,结合农作物轻、中、重度 3 种渍害的水分特征指标,实现不同渍害时空分布信息的提取。目前成功运用到渍害监测的水文模型有 SGMP(standard groundwater model program)模型(Singh et al.,2012a,2012b,2012c)、DHSVM(distributed hydrology soil vegetation model)模型(熊勤学,2015;熊勤学 等,2017)等。由于模型的过度简化,随着模拟时间的增加,其模拟结果与实际的差异越来越大。为进一步提高农作物渍害监测精确,需要对上述模型进行改进。

上述方法中,运用微波卫星数据提取农作物渍害时,能准确提取土壤水分的空间分布,但没法获取重访周期内土壤水分的日变化过程。针对此问题,根据流域内前期降水指数(API,antecedent precipitation index)与土壤表层相对含水量高度相关的理论(Xie et al.,2013;Blanchard et al.,2007;Ulaby et al.,1990),以 API 指数作为协变量,将统计学中的空间插值方法引入到时间插值中,以天为单位对卫星重访周期内土壤水分进行时间插值,得到土壤表层含水量的时空分布信息,结合农作物渍害的水分特征指标,提取渍害时空分布信息。由于微波数据具有不受云层影响、全天候获取的特点,而农作物渍害发生时,天气以阴雨天为主,因此这种利用星地数据,实现农作物渍害空间分布信息提取的方法具有业务化运用的潜力,本节以湖北省监利市为研究对象,对该方法的可行性与监测精确进行分析。

### 2.3.1　农作物渍害空间分布信息提取方法

#### (1) 基于水云模型的 Sentinel-1A SAR 数据土壤表层相对体积含水量的计算

由式 1-11 得到植被冠层下土壤的后向散射系数计算公式为:

$$\sigma_{\text{soil}}^0 = \frac{\sigma_{\theta_{\text{ret}}}^0 + 5.689\text{NDVI}\cos\theta\left(1 - \exp\left(-0.024\frac{\text{NDVI}}{\cos\theta}\right)\right)}{\exp\left(-0.024\frac{\text{NDVI}}{\cos\theta}\right)} \tag{2.13}$$

式中各时期的归一化差分植被指数(NDVI)由高分一号 WFV 数据计算得出。

农田土壤体积相对含水量的反演:

$$SM = \frac{\sigma_{\text{soil}}^1 - \sigma_{\text{dry}}^1}{\sigma_{\text{wet}}^1 - \sigma_{\text{dry}}^1}80\% + 20\% \tag{2.14}$$

#### (2)前期降水指数的计算

进入 20 世纪,前期降水指数 API(antecedent precipitation index)开始出现,主要运用流域土壤湿度的预报,其计算公式(Kohler et al.,1951;吴子君 等,2017)为:

$$\text{API}_i = P_i + K \cdot \text{API}_{i-1} \tag{2.15}$$

式中 $\text{API}_i$ 为第 $i$ 天的前期降水指数(mm);$P_i$ 为第 $i$ 天的降雨量(mm);$\text{API}_{i-1}$ 为第 $i-1$ 天的前期降水指数(mm);$K$ 为土壤水分的日消退系数,它综合反映土壤蓄水量因蒸散而减少的特性,因此 $K$ 值大小与蒸发相关,其计算公式为(Xu et al.,2001)

$$K = 1 - \frac{EM}{WM} \tag{2.16}$$

式中 $EM$ 为流域日蒸散能力(mm);$WM$ 为流域最大蓄水量(mm)。

$WM$ 计算公式为:

$$WM = P - R - E \tag{2.17}$$

式中 $P$ 为平均降雨量(mm);$R$ 为平均产流量(mm);$E$ 为平均蒸散量(mm)。

$EM$ 采用 Hargreaves-Samani(H-S)模型计算,具体公式(Hargreaves et al.,2003)为:

$$EM = 0.0023(T + 17.8)\sqrt{T_{\max} - T_{\min}} \cdot \frac{R_a}{\lambda} \tag{2.18}$$

式中 $T_{\max}$ 为日最高气温(℃);$T_{\min}$ 为日最低气温(℃);$R_a$ 为地球外辐射(MJ/·m² ·d);$\lambda$ 为蒸发潜热,2.45 MJ/kg。

当 API 指数值大于 100 mm 时,API 取值为 100 mm。

API 指数反映整个流域的土壤表层相对含水量的变化,由于流域内的各基本单元受地形、土壤类型、排灌条件等要素的影响，其土壤表层相对含水量的变化是有差异的，为了让 API 指数准确反映每个基本单元的土壤表层相对含水量的变化，将式（2.16）改为：

$$K = 1 - \alpha \frac{EM}{EM} \qquad (2.19)$$

式中 $\alpha$ 为各基本单元水分交换因子，当 $\alpha$ 大于 1 时，表示本单元向其他临近单元有水分输送；反之当 $\alpha$ 小于 1 时，表示临近单元有水分向本单元聚集。不同单元有不同的 $\alpha$ 值，它是反映地形、土壤类型、排灌条件等因子对 API 指数影响的一个无量纲综合因子，因此改进后的 API 指数能反映相应单元土壤表层相对含水量的变化特征。

每个单元的 $\alpha$ 值的计算方法采用枚举法，即把 $\alpha$ 值分别从 0.5 到 1.5，以 0.01 步长递增取值，每个 $\alpha$ 值会得到相对应的 API 时序值，将该单元的 SAR 数据提取的土壤表层相对体积含水量值作为因变量，与同天的 API 时序值作为自变量进行相关分析，得到一个相关系数，这样 $\alpha$ 值从 0.5 到 1.5 会有 100 个相关系数，最后取相关系数最大的对应的 $\alpha$ 值视为本单元的 $\alpha$ 值。如果 $\alpha$ 值为 0.5 或者 1.5，表示真实 $\alpha$ 值不在 0.5～1.5 范围内，用流域 $\alpha$ 值替代（$\alpha=1$）。

### (3)基于卡尔曼滤波(Kalman filter)时间插值方法的土壤水分时空分布信息提取

卡尔曼滤波是对受到随机干扰和随机测量误差影响的物理系统进行预测时的一种优化估算算法，即在信号和噪声都是平稳过程的假设条件下，以某种性能指标为最优的原则，从具有随机误差的测量数据中提取信息，估算出系统的某些参数状态，求出误差为最小的真实信号的估计值（Kalman，1960）。由于考虑了被估参数和观察数据的统计特性，较最小二乘法、最大似然法和 Wiener 滤波等优化估算算法更加准确。它已成功运用到卫星数据的降尺处理（Crow et al.，2009）和土壤水分数据时序分析中（Zhao et al.，2011），把 Sentinel-1A SAR 数据提取的土壤表层相对体积含水量空间分布数据（时间间隔 12 d）看成被估参数，把前期降水指数（时间间隔为 1 d）看成观察数据，则可以运用卡尔曼滤波方法，生成时间间隔为 1 d 的土壤表层相对体积含水量空间分布数据，其具体计算公式为（Ma et al.，2020）：

$$\theta_j = (API_j - \mu^{API}) \left( \frac{\sigma^\theta}{\sigma^{API}} \right) + \mu^\theta \qquad (2.20)$$

式中 $\theta_j$ 为第 $j$ 天的土壤水分体积含水量；$API_j$ 为第 $j$ 天的 API 指数（mm）；$\mu^{API}$ 为 SAR 数据对应的 API 指数的均值（mm）；$\mu^\theta$ 为 SAR 数据提取的土壤表层相对体积含水量均值；$\sigma^{API}$ 为 SAR 数据对应的 API 指数的方差；$\sigma^\theta$ 为 SAR 数据提取的土壤表层相对体积含水量方差。

### (4)渍害时空分布信息提取

在提取土壤表层相对体积含水量时空分布信息的前提下，将渍害评判标准（熊勤学，2015；熊勤学 等，2017）每年 2—4 月，当农田地下水位埋深小于 60 cm，土壤表层相对体积含水量 5 d 滑动均值高于 95% 的持续期大于 5 d，认为夏收作物受到轻度渍害;如果持续期大于 12 d 认为受到中度渍害;持续期 20 d 以上认为受到重度渍害。用计算机语言表达,运算后可得到渍害时空分布信息。

### 2.3.2　各基本单元水分交换因子 $\alpha$ 计算结果

图 2.17a 为监利市单元水分交换因子 $\alpha$ 的空间分布,由于监利市属平原地区,地势起伏不大,因此 90% 的 $\alpha$ 值在 0.9 至 1.1。用 $\alpha$ 值计算出的 API 值与 Sentinel 1A SAR 数据反演的土壤表层相对含水量之间的相关系数的空间分布见图 2.17b 中,其值普遍在 0.6 附近(样本为 30 个),表明 $\alpha$ 值计算方法是正确的。

$\alpha$ 值表示流域基本单元与周围其他单元的水分交换,因此 $\alpha$ 取值差异对 API 指数计算影响很大(图 2.17c)。当 $\alpha$ 值小于 1 时,表示四周单元有汇水流入,API 指数普遍较高,土壤相对含水量值会偏高,是容易发生渍害的单元,对应是地势较低的地方;而当 $\alpha$ 值大于 1 时,表示本单元会有土壤水净流出到四周其他单元,API 指数普遍偏低,土壤相对含水量值会偏低,是容易发生农作物干旱的单元,对应是地势较高的地方。

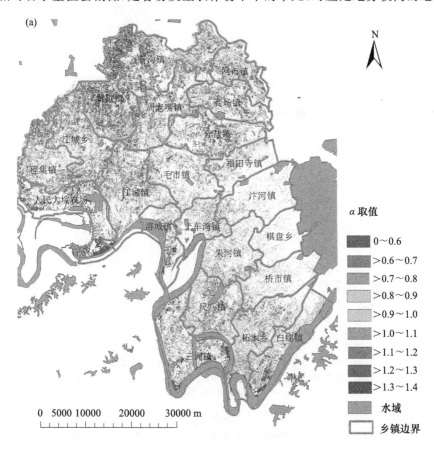

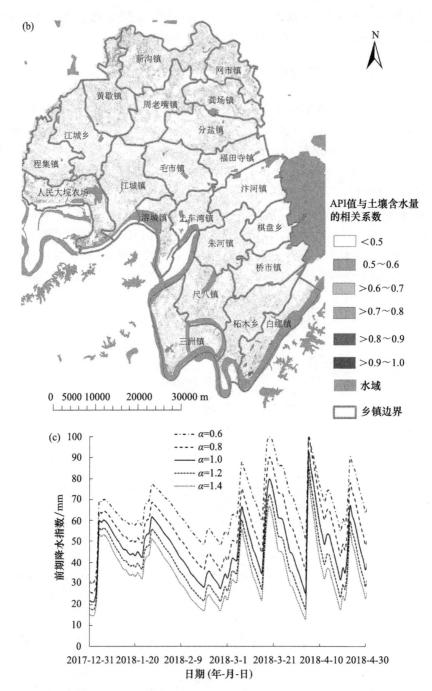

图 2.17 监利市单元水分交换因子 $\alpha$ 空间分布图(a)、API 值与土壤含水量之间的
相关系数空间分布图(b)和不同单元水分交换因子 $\alpha$ 取值下前期降水指数随时间变化曲线(c)

### 2.3.3　土壤表层相对体积含水量计算结果的验证

图 2.18 为 2018—2020 年每年 1—4 月观测点日土壤表层相对体积含水量计算值、观测值、SAR 反演值及前期降水指数随时间变化曲线。由图可知,采用卡尔曼滤

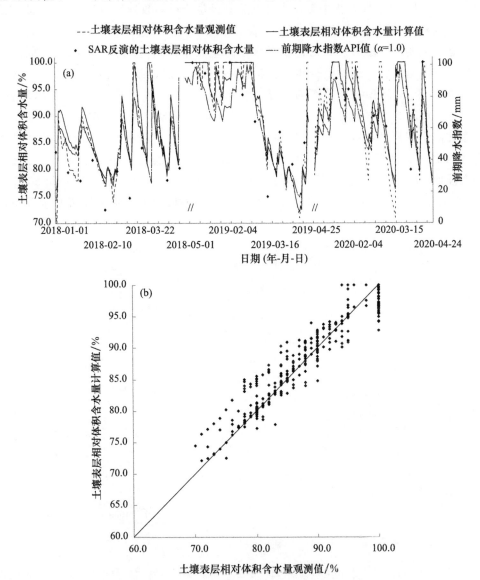

图 2.18　2018—2020 年每年 1—4 月观测点日土壤表层相对体积含水量计算值、
观测值、SAR 反演的值及前期降水指数随时间变化曲线(a),
土壤表层相对体积含水量计算值和观测值比较图(b)

波时间插值方法计算出的土壤表层相对体积含水量计算值与观测值变化曲线形态基本一致,而且其 Nash-Stucliffe 效率系数为 0.909(图 2.18),证明此插值方法适用于平原湖区土壤水分的时间插值计算,主要原因是土壤表层相对体积含水量与前期降水指数变化特征基本一致(图 2.18),即两者高度相关(相关系数为 0.936,样本 360 个),因此,把前期降水指数作为具有随机误差的观测数据,运用卡尔曼滤波方法进行时间插值,能得到比较准确的土壤表层相对体积含水量日数据。

　　运用实验区土壤表层相对体积含水量时空数据,结合夏收作物渍害判别标准,可以得到实验区渍害的时空分布,用实验区 1～24 个点记录渍害进行验证,48 次渍害都能在计算结果中准确反映,同时实验区渍害的空间分布也与实际相同。图 2.19c 为 2020 年 3 月 28 日—4 月 7 日实验区渍害的动态分布情况,3 月 30 日实验田东北部出现渍害,而西南部只有少量出现,这与试验田南高北低的地形特征是吻合的,4 月 1 日渍害面积扩大,4 月 3 日后开始消退,在消退过程中,渍害区域慢慢集中在洼地,与渍害实地观测记录相同。相同的变化见 2018 年(图 2.19a)和 2019 年(图 2.19b)。总之,运用卡尔曼滤波方法进行时间插值的方法提取渍害时空分布信息方法是准确可行的。

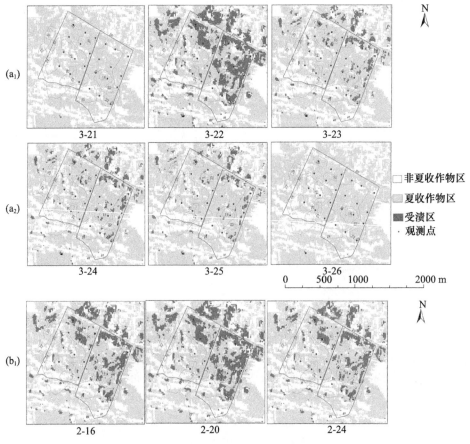

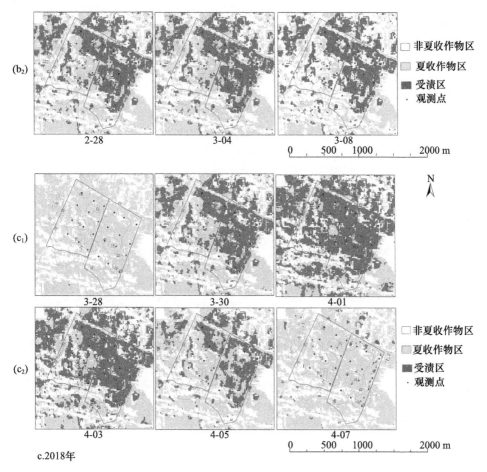

图 2.19　2018—2020 年实验区渍害的动态分布

($a_1$,$a_2$.2018 年 3 月 21 日—26 日；$b_1$,$b_2$.2019 年 2 月 16 日—3 月 8 日；$c_1$,$c_2$.2020 年 3 月 28 日—4 月 7 日)

## 2.3.4　监利市夏收作物渍害时空分布特征

2016 年以来,监利市在中东部地势低的湖沼地区,大力推广"稻虾"种养模式,将大面积涝渍田改造成稻虾田,因此夏收作物(油菜和小麦)种植区主要集中在北部、南部和西部旱地集中区。将监利市夏收作物受渍面积除以整个夏收作物种植面积,得到监利市夏收作物受渍农田比例。图 2.20 为 2018—2020 年夏收作物受渍农田比例随时间变化曲线。从图 2.20 可以看出,大量涝渍田被改造成稻虾田,夏收作物受渍程度还是很严重,尤其是 2019 年。2019 年 1—4 月的降雨量只有 300 mm(2018 年为 312 mm,2020 年为 375 mm),由于其降水集中、雨量均匀、雨日多,有 2 次受渍面积达到 50% 左右的渍害危害出现,而且持续 10 d 左右。相反 2018 年由于降水强度大、雨日少,是受渍较轻的年份;2020 年降水偏多,受渍程度也比较严重。

55

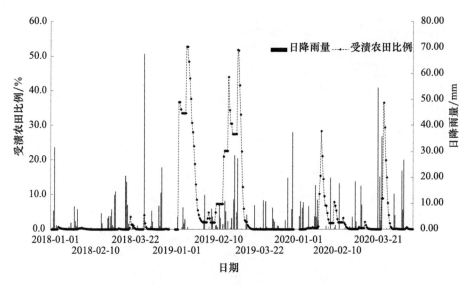

图 2.20  监利市 2018—2020 年夏收受渍农田比例随时间变化曲线

将 2018—2020 年每日的夏收作物受渍农田比例与当天前期降水指数比较分析（图 2.21），在二维分布图上，发现点的分布呈三角形，最上边表示前期降水指数可能产生的监利市最大作物受渍农田比例，将最上边所有的点进行二次多项式拟合，其拟合复相关系数达到 0.999（样本数为 31 个）。例如，当天前期降水指数达到 85 mm 时，监利市夏收作物受渍农田比例最大可能达到 25.5%。由于仅用气象台站数据便可计算前期降水指数，因此用前期降水指数预报监利市夏收作物受渍农田能达到快速、准确要求。

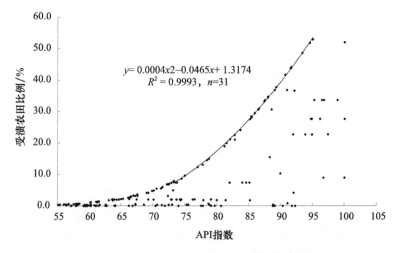

图 2.21  监利市不同前期降水指数下的夏收农作物受渍农田比例

　　渍害的致灾因子为降水、地形、土壤类型、土地利用现状、河网分布等（Ma et al. ,2020），这些致灾因子中只有降水随时间变化，其他只与位置相关，监利市夏收作物渍害空间分布也遵循这一规律。图 2.22 为不同受渍比例下的渍害空间分布图，其中有 2 d 的受渍比例相近。2019 年 1 月 21 日监利市受渍比例为 18.94%，2020 年 4 月 2 日为 19.98%，从这 2 天渍害空间分布图可以看出，其渍害空间分布的差异性很小，即相同的夏收受渍农田比例，其空间分布基本一致。从图 2.22 还可以得出，最容易受渍的是监利市北部（新沟镇、网市镇等），随着受渍比例的增加，其西部和南部开始受渍，而中东部地区尽管地势低，但大部分为鱼池和稻虾田，基本无渍害。

　　运用卡尔曼滤波方法进行时间融合成功与否是建立在前期降水指数与土壤表层相对体积含水量高度相关的基础上的，Kohler 等（1951）首次将前期逐日雨量的加权累积数，作为土壤含水量的指标。Descroix 等（2002）提出现有的前期降水指数计算公式，很多学者验证了不同气候条件下前期降水指数与土壤表层相对体积含水量的相关性（Brocca et al. ,2009；Findell et al. ,1997），因此把它看成带有一定误差的观察数据是有一定的理论基础的。

　　相比上节运用 DHSVM 模型模拟同一地方（监利市）土壤水分的时空变化，其空间分辨率由 90 m 提高到 10 m，土壤体积含水率的模拟值与观测值之间的复相关系数由 0.67 提升到 0.91，因此渍害的时空监测有一个质的提升。

　　计算时农作物实际蒸散 $EM$ 采用 Hargreaves-Samani（H-S）模型（式 2.18），该式是 Hargreaves 于 1985 年提出的经验公式，只在美国加利福尼亚州等干旱半干旱地区应用效果较好。公式中只有温度一个气象因子，没有考虑太阳辐射、风速、空气湿度等其他重要因子（杨永红 等，2009）。用在渍害经常发生的湿润地区，其效果有待进一步验证。

　　Sentinel-1A 雷达卫星具有不受云层干扰、全天候的特点，前期降水指数计算数据来源于气象台站，方法具有实用性，而且监测精确度也达到较高水平（空间分辨率为 10 m，时间分辨率为 1 d），可用于气象部门或者农业部门业务运行，同时将气象预报数据用于未来几天前期降水指数计算，此方法可用于未来几天农作物渍害预报，具有一定实用价值。

　　本节成功运用卡尔曼滤波时间插值方法，把 Sentinel-1A SAR 数据提取的土壤表层相对体积含水量空间分布数据（时间间隔 12 d）看成被估参数，把前期降水指数（时间间隔为天）看成观测数据，实现了土壤表层相对体积含水量信息的高时空分辨率（空间分辨率为 10 m、时间分辨率为 1 d）的信息提取；结合夏收作物渍害的判别标准，提取了 2018—2020 年监利市夏收作物渍害时空分布信息，经 220 hm² 试验区的验证，其渍害时空分布信息是准确的。因此可以运用卡尔曼滤波插值方法，利用天（Sentinel-1A SAR 数据）和地（气象台站气象数据）一体化信息，实现作物渍害的监测与预报；同时通过分析提取的监利市 2018—2020 年渍害时空分布信息发现，监利市夏收受渍比例与当天前期降水指数在二维分布图中呈三角型，可根据这个特征计算前期降水指数下监利市最大夏收作物可能受渍比例。

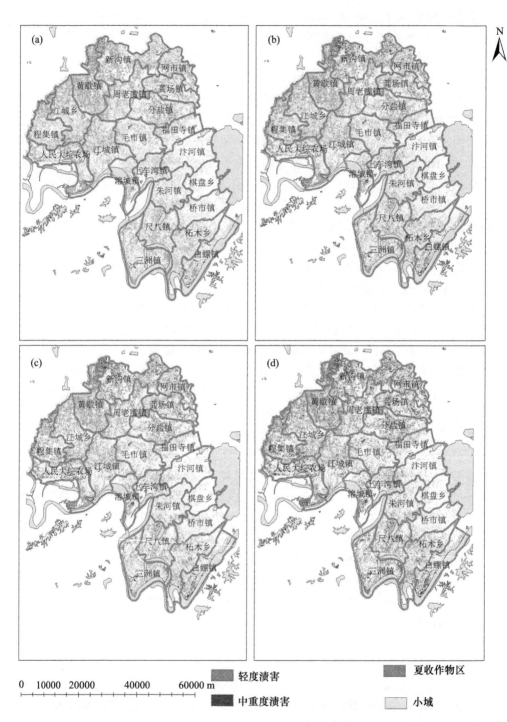

图 2.22 监利市夏收作物不同受渍比例相应的渍害空间分布(另见彩图)
(a. 受渍比例为 10%;b. 受渍比例为 18.94%;c. 受渍比例为 19.98%;d. 受渍比例为 50.02%)

# 参考文献

蔡述明,王学雷,黄进良,等,1996. 江汉平原四湖地区区域开发与农业持续发展[M]. 北京:科学出版社:28-64.

胡佩敏,熊勤学,2014. 基于 ASAR GM 数据时序特征的农田表层土壤水分的反演[J]. 长江流域资源与环境,23(5):632-637.

金银龙,黄介生,王修贵,2014. 基于多源数据的渍害田识别[J]. 武汉大学学报(工学版),47(3):289-293.

李元征,吴胜军,杜耘,等,2012. 基于 MODIS 的渍害田和正常农田遥感特性对比研究[J]. 长江流域资源与环境,21(10):1287-1292.

刘姣娣,曹卫彬,马蓉,2008. 棉花叶面积指数的遥感估算模型研究[J]. 中国农业科学,41(12):4301-4306.

盛绍学,石磊,张玉龙,2009. 江淮地区冬小麦渍害指标与风险评估模型研究[J]. 中国农学通报,25(19):263-268.

仝兆远,张万昌,2007. 土壤水分遥感监测的研究进展. 水土保持通报,27:107-113.

吴洪颜,高苹,徐为根,等,2012. 江苏省冬小麦湿渍害的风险区划[J]. 生态学报,32(6):1871-1879.

吴华山,陈效民,叶民标,等,2006. 太湖地区主要水稻土的饱和导水率及其影响因素研究[J]. 灌溉排水学报,25(2):46-48.

吴子君,张强,石彦军,等,2017. 多种累积降水量分布函数在中国适用性的讨论[J]. 高原气象,36(5):1221-1233.

熊勤学,2011. 四湖地区暴雨后涝渍害遥感空间分析[J]. 湖北农业科学,50(10):1980-1983.

熊勤学,黄敬峰,2009. 利用 NDVI 指数时序特征监测秋收作物作物种植面积[J]. 农业工程学报,25(1):144-148.

熊勤学,田小海,朱建强,2017. 基于 DHSVM 模型的作物作物渍害时空分布信息提取[J]. 灌溉排水学报,36(6):109-116.

熊勤学,2015. 基于土壤植被水文模型的县域夏收作物作物渍害风险评估[J]. 农业工程学报,31(21):177-183.

杨涛,宫辉力,李小娟,等,2010. 土壤水分遥感监测研究进展[J]. 生态学报,30(22):6264-6277.

杨永红,张展羽,2009. 改进 Hargreaves 方法计算拉萨参考作物作物蒸发蒸腾量[J]. 水科学进展,20(5):614-618.

张霄羽,毕于运,李召良,2008. 遥感估算热惯量研究的回顾与展望[J]. 地理科学进展,27(3):166-176.

朱建强,2007. 易涝易渍农田排水应用基础研究[M]. 北京:科学出版社.

AJAY S,2012. Validation of SaltMod for a semi-arid part of northwest India and some options for control of water-logging[J]. Agricultural Water Management,115:194-202.

AJAY S,2013. Groundwater modeling for the assessment of water management alternatives[J].

Journal of Hydrology,481:220-229.

ALEXANDER L,RALF L,WOLFRAM M,2006. Derivation of surface soil moisture from ENVI-SAT ASAR wide swath and image mode data in agricultural areas [J]. IEEE Transactions on Geo-science and Remote Sensing,44(4):889-899.

ALVAREZ M J,CASALI J,GONZALEZ A M,et al,2006. Assessment of the operational applicability of RadarSat-1 data for surface soil moisture estimation [J]. IEEE Transactions on Geoscience and Remote Sensing,44:913-924.

ATTEMA E P W,ULABY F T,1978. Vegetation modeled as a water cloud [J]. Radio Science,13: 357-364.

BELEN M C,CARLOS L M,JOSEP D R,et al,2010. ASAR polarimetric,multi-incidence angle and multitemporal characterization of Doñana wetlands for flood extent monitoring [J]. Remote Sensing of Environment.

BINDLISH R,BARROS A P,2001. Parameterization of vegetation backscatter in radar based soil moisture estimation [J]. Remote Sensing of Environment,76:130-137.

BROCCA L,MELONE F,MORAMARCO T,MORBIDELLI R,2009. Antecedent wetness conditions based on ERS scatterometer data[J]. Journal of Hydrology,364:73-87.

CHOWDARY V M,CHANDRAN R V,NEETI N,et al,2008. Assessment of surface and sub-surface waterlogged areas in irrigation command areas of Bihar state using remote sensing and GIS [J]. Agricultural Water Management,95:754-766.

CROW W T,RYU D,2009. A new data assimilation approach for improving runoff prediction using remotely-sensed soil moisture retrievals [J],Hydrol Earth Syst Sc,13:1-16.

DESCROIX L,NOUVELOT J F,VAUCLIN M,2002. Evaluation of an antecedent precipitation index to model runoff yield in the western Sierra Madre(North-West Mexico)[J]. Journal of Hydrology,263:114-130.

DOBSON M C, ULABY F T, 1996. Active microwave soil moisture research [J]. IEEE Trans Geosci Remote Sensing,24:23-36.

FINDELL K L,ELTAHIR E A B,1997. An analysis of the soil moisture-rainfall feedback,based on direct observations from Illinois[J]. Water Resources Research,33:725-735.

FRISON P L,E MOUGIN,1996. Use of ERS-1 Wind Scatterometer Data over Land Surfaces [J]. IEEE Trans Geosci Rem Sens,34(2):550-560.

FUNG A K,1992. Backscattering from a randomly rough dielectric surface [J]. IEEE Trans Geosci Remote Sensing,30:356-369.

GROUNDWATER C,2010. Groundwater Atlas of Rohtak District[M]. Department of Agriculture, Rohtak,Haryana,India.

HARGREAVES G H,ALLEN R G,2003. History and evaluation of Hargreaves evapotranspiration equation[J]. Journal of Irrigation and Drainage Engineering,129(1):53-63.

HOEKMAN D,KRUL L,ATTEMA E,1982. A multi-layer model for radar backscattering by vegetation canopies [J]. IEEE IGARSS 82,2.

ILIANA M,VENKAT,WALKER P,et al,2010. Validation of the ASAR global monitoring mode soil moisture product using the NAFE'05 Data set [J]. IEEE Transactions on Geo-science and Remote Sensing,48:2498-2508.

JOSEPH A T,VAN DER VELDE R,O'NEILL P E,et al,2008. Soil moisture retrieval during a corn growth cycle using L-band(1. 6 GHz)radar observations [J]. IEEE Transactions on Geoscience and Remote Sensing.

K D Z ,INOUE Y,KOWALIK W,et al,2007. Inferring the effect of plant and soil variables on C- and L-band SAR backscatter over agricultural fields,based on model analysis [J]. Advances in Space Research,39:139-148.

KALMAN R E,1960. A new approach to linear filtering and prediction problems[J].Journal of Basic Engineering Transactions of the ASME,3: 35-45.

KOGAN F,l990. Remote sensing of weather impacts on vegetation in non-homogeneous areas [J]. J Remote Sens,11:1405-1419.

KOHLER M A,LINSLEY R,1951. Predicting the runoff from storm rainfall. National oceanic and atmospheric administration weather bureau research papers. US Department of Commerce, Weather Bureau,Washington.

LAN C,THOMAS W,GIAMBELLUCA,et al,2006. Use of the distributed hydrology soil vegetation model to study road effects on hydrological processes in Pang Khum Experimental Watershed,northern Thailand[J]. Forest Ecology and Management,224.

MA Y,XIONG Q X,ZHU J Q,et al,2020. Early warning indexes determination of the crop injuries caused by waterlogging based on DHSVM model[J].The Journal of Supercomputing, 76: 2435-2448.

OH Y,2004. Quantitative retrieval of soil moisture content and surface roughness from multi-polarized radar observations of bare soil surfaces [J]. IEEE Transactions on Geoscience and Remote Sensing,42,596-601.

OH Y, KAY Y, 1998. Condition for precise measurement of soil surface roughness [J]. IEEE Transactions on Geoscience and Remote Sensing,36,691-695.

OH Y,SARABANDI K,ULABY F T,1992. An empirical model and an inversion technique for radar scattering from bare soil surface [J]. IEEE Transactions on Geoscience and Remote Sensing,30:370-381.

OOSTERBAAN R J,1995. SahysMod:Spatial Agro-Hydro-Salinity Model. Description of Principles,User Manual and Case Studies. International Institute for Land Reclamation and Improvement,Wageningen,Netherlands.

OOSTERBAAN R J,2001. SaltMod:Description of Principles,User Manual and Case Studies[M]. International Institute for Land Reclamation and Improvement,Wageningen,The Netherlands,ILRI.

PARIS J,1986. The effect of leaf size on the microwave backscattering by corn [J]. Remote Sensing of Environment,19: 81-95.

PRICE J C,1982. On the use of satellite data to infer surface fluxes at meteorological scales [J]. J Appl Meteorol,21:1111-1122.

RAM S,1996. Environment concerns in irrigation like water logging soil and water salinity and Alkalinity: Their norms and diagnostic methodology for efficient water utilization and sustainability, Proceeding of National workshop on reclamatio.

RHOADES J D ,KANDIAH A ,MASHALI A M ,1992. The use of saline waters for crop production[M]. FAO Irrigation and Drainage Paper 48,FAO,Rome,Italy:133.

SINGH A,PANDA S N,FLUGEL W A,et al,2012a. Waterlogging and farmland salinization:Causes and remedial measures in an irrigated semi-arid region of India[J]. Irrigation and Drainage,61(3):357-365.

SINGH A,PANDA S,2012b. Integrated salt and water balance modeling for the management of waterlogging and salinization. I: validation of SAHYSMOD [J]. Journal of Irrigation and Drainage Engineering,138(11):955-963.

SINGH A,PANDA S,2012c. Integrated salt and water balance modeling for the management of waterlogging and salinization. II: application of SAHYSMOD [J]. Journal of Irrigation and Drainage Engineering,138(11):964-971.

SINGH A,2011. Estimating long-term regional groundwater recharge for the evaluation of potential solution alternatives to waterlogging and salinization [J]. Journal of Hydrology,406(3-4):245-255.

TESFA,TEKLU K,2010. Distributed Hydrological Modeling Using Soil Depth Estimated from Landscape Variable Derived with Enhanced Terrain Analysis. All Graduate Theses and Dissertations. Paper 616. http://digitalcommons. usu. edu/.

ULABY F T,SARAHANDI K,DONALD M K,1990. Michigan microwave canopy scattering model [J]. Int J Remote Sens,11:1223-1253.

ULABY F T,ALLEN C T,EGER G,et al,1984. Relating microwave backscattering coefficient to leaf area index [J]. Remote Sensing of Environment,14:113-133.

WIGNERON J P,CALVET J C,PELLARIN T,2003. Retriving near-surface soil moisture from microwave radiometric observations: Current status and future plans [J]. Remote Sens Environ,85:489-506.

XIE W P,YANG J S,2013. Assessment of soil water content in field with antecedent precipitation index and groundwater depth in the yangtze river estuary [J]. Journal of Integrative Agriculture,12(4):711-722.

XU C Y,SINGH V P,2001. Evaluation and gene ralization of temperature-based methods for calculation evaporation [J]. Hydrological Processes,15(2):305-319.

ZHAO Y,WEI F,YANG H,et al,2011. Discussion on using antecedent precipitation index to supplement relative soil moisture data series [J]. Procedia Environmental Sciences,10:148-149.

62

# 第 3 章　实现小麦渍害精细化
## 预报预警主要技术

影响农作物受渍的要素复杂,主要有大气降水、农田土壤属性、地下水位、地形、排灌条件、耕作制度以及农作物抗渍能力等,加上其受渍表型学特征不明显,因此对渍害的监测与预警比较困难。国内的研究主要有 2 种方法:一种是利用天气预报,特别是降水预报对农田的可能渍害预警(吴洪颜 等,2013;盛绍学 等,2009),这种方法因只考虑了降水因素对渍害的影响,只适用于大尺度渍害预警。另一种方法是通过模型模拟农田与农作物的水分运动状况,结合气象条件来对农作物渍害进行预警,如有的学者(金之庆 等,2006;石春林 等,2003;刘洪 等,2005)运用小麦栽培模拟优化决策系统(WCSODS),结合区域性气候模式(RGCM)进行小麦渍害发生程度的预报,得到了满意的结果。熊勤学(2015)通过分布式水文模型 DHSVM (distributed hydrology soil vegetation model)模型模拟农田水分状况,结合夏收作物受渍水分指标,监测监利市渍害的空间分布;Singh 等(2012a,2012b)运用 SA-HYSMOD(spatial agro-hydro-salinity model)模型模拟农田地下水位变化来对渍害进行预警。由于这些模型是架构在地理信息系统之上,最大的优点是考虑因素全面、结果准确、空间精度高,适用于县级尺度的渍害监测与预警,但模型要求输入参数多、涉及领域广、操作复杂等不利因素,大大阻碍了县市级尺度渍害监测与预警的实现。

如何利用少量数据,结合渍害预报预警指标,实现渍害精细化预报预警,是现阶段农业部门追求的目标。本章介绍 2 种类似技术,即基于水文模型得到的渍害预报预警指标和用改进型累积降雨指数进行渍害预报预警。

## 3.1　基于 DHSVM 模型的小麦渍害预警指标确定

渍害的影响要素中随时间变化主要有大气降水、地下水位和人工灌溉等因素,而农田土壤属性、地形、排灌条件、耕作制度以及农作物耐渍能力等要素基本不随时间变化,因此不同农田小麦渍害预警指标是有差异的,而差异主要表现在这些不随时间变化的致灾因子上,如果将这些不随时间变化的致灾因子按相似性原则划分成几类,然后对不同类型分别提取不同的小麦渍害预警指标,来实现小麦渍害精细化预报预警。

以湖北省监利市为例,在原来研究成果的基础上(熊勤学,2015),运用分布式水文模型 DHSVM 模型,模拟每个栅格 1970—2009 年 40 a 监利农田水分变化,结合夏收作物受渍水分指标,获取 40 a 每年 3—4 月夏收作物受渍起止日期和持续时间,并根据每个网格受渍起止日期、持续时间、降水量的相似度,运用非监督分类法将监利市农田分成若干类型,再分析每个类型的降水特征,提出每种类型渍害发生、持续、结束时的降水指标,达到仅需降水预报就能实现高时空分辨率县级农作物受渍的预测与预警。

### 3.1.1　夏收作物渍害预警指标确定方法

夏收作物渍害预警指标确定方法具体流程见图 3.1。

**(1)DHSVM 模型调参、验证与模拟**

DHSVM 模型是美国华盛顿大学西北太平洋国家实验室于 1994 年研制出的一种分布式水文式水文模型(Wigmosta et al.,1994,2002)。模型在输入土壤类型、土地利用现状、高程模型等栅格 GIS 数据和气象条件、各土壤类型物理参数、各土地利用现状水文参数条件下,可以 0~24 h 为步长模拟一段日期内河流径流、土层厚度、农田土壤湿度、地表径流等时空分布。

DHSVM 模型比较敏感的参数为:横向水力传导系数、水力传导系数下降指数、土壤孔隙度、田间持水量、最小气孔阻抗(Tesfa et al.,2010),本章选择优化对象为灰潮土的横向水力传导系数,其他土壤类型根据模型缺省值结合潮土参数进行线性放大与缩小,其具体调参、验证与模拟方法见文献(熊勤学,2015)。最后以 1 d 为步长模拟 1970—2009 年每年夏收作物生长期(3 月、4 月)的土壤表层水分的空间分布作为分析数据。

**(2)夏收作物渍害辨别标准与受渍起止日判定标准**

目前公认(喻光明,1993;陈继元,1989)判断渍害田地下水位的标准是小于 60 cm;夏收作物受渍临界土壤水分指标为土壤体积含水率高于 90%,受渍天数为 5 d(闻瑞鑫 等,1997;曹宏鑫 等,2015)。结合长期在监利渍害研究经验(杨威 等,2013),确定监利市夏收作物渍害辨别标准为:每年 3—4 月,即在小麦和油菜生育生长期,当地下水位埋深小于 60 cm,土壤根层相对体积含水率(土壤含水率占饱和含水率比值)持续 5 d 高于 90%,认定受到渍害影响。

受渍开始日期判定标准为:当第一次出现 5 d 地下水位埋深均值小于 60 cm,土壤根层相对体积含水率 5 d 均值高于 90% 时,这 5 d 中第一次土壤根层相对体积含水率大于 90% 那天为开始日期,开始日期用当天在一年 365 d 中的第几天这个数值来表示(如 33 表示 2 月 2 日)。

受渍结束日期判定标准为:渍害开始后,最后一次出现 5 d 地下水位埋深均值小于 60 cm,土壤根层相对体积含水率 5 d 均值高于 90%时,这 5 d 中最后一次土壤根层相对体积含水率大于 90%那天为结束日期,同样结束日期用当天在一年 365 天中的第几天数值来表示。

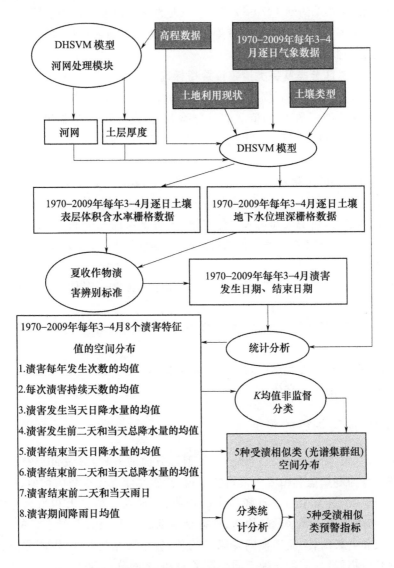

注:■ 输入参数,▨ 结果输出

图 3.1　夏收作物渍害损警指标确定流程

**(3)渍害特征值确定**

为表示不同农田受渍害的差异性,用渍害每年发生次数的均值、每次渍害持续天数的均值(单位:d)、渍害发生当天日降水量的均值(单位:mm)、渍害发生前二天和当天总降水量的均值(单位:mm)、渍害结束当天日降水量的均值(单位:mm)、渍害结束前二天和当天总降水量的均值(单位:mm)、渍害结束前二天和当天雨日、渍害期间降雨日均值(单位:mm)这 8 个特征量来表达,每个特征量的计算过程为:采用 IDL 循环语言方式访问 1970—2009 年每天的农田地下水位和土壤体积含水率栅格数据,确定渍害发生日期和结束日期,再将气象数据调入程序进行统计,得到这 8 个特征量的栅格数据。

**(4)渍害相似区分类及每类渍害预警指标确定**

将 8 个渍害特征值栅格数据合成一个 8 波段、空间分辨率为 90 m 的多光谱文件,运用 ENVI 软件中的 K 均值非监督分类方法,设类别为 5,临界值为 0.05,得到监利市 5 类光谱集群组,即 5 种相似类的空间分布,分别用 A 类、B 类、C 类、D 类、E 类来表示。

将非监督分类的结果转成矢量文件,并在 ARCMAP 中打开,运用 ARCTOOLS 中的 Zonal Statistical 功能对 8 个渍害特征值栅格数据进行统计分析,得到每类渍害发生当天日降水量、前二天和当天总降水量、渍害结束前二天和当天总降水量、渍害结束前二天和当天雨日 4 个特征值的统计信息(均值、中间值、方差),渍害预警指标确定标准为:

渍害发生当天、当天和前二天降水量发生指标:以 80％置信度为标准,即:(平均值－10％×方差)确定最低值。

渍害期间降水量指标:以 80％置信度为标准,即:(平均值－10％×方差)确定最低值。

渍害结束当天、当天和结束前二天降水量指标:以 80％置信度为标准,即:(平均值＋10％×方差)确定最高值。

### 3.1.2 渍害指标的确定

在地形、气象条件、土地利用和土壤类型等方面的差异,导致每个农田受渍影响不同。图 3.2 为利用监利市 8 个渍害特征值(渍害每年发生次数的均值、每次渍害持续天数的均值、渍害发生当天日降水量的均值、渍害发生前二天和当天总降水量的均值、渍害结束当天日降水量的均值、渍害结束前二天和当天总降水量的均值、渍害结束前二天和当天雨日、渍害期间降雨日均值)栅格数据进行 K 均值非监督分类得到的 5 种光谱集群组(下称 5 种不同受渍类型)的空间分布(图 3.2)。

对 8 个渍害特征值进行 5 种不同受渍类型(A 类、B 类、C 类、D 类、E 类)分区统计,得到不同受渍类型 8 个渍害特征值的均值和方差,其结果见监利市受渍类型基本统计信息表(表 3.1)。

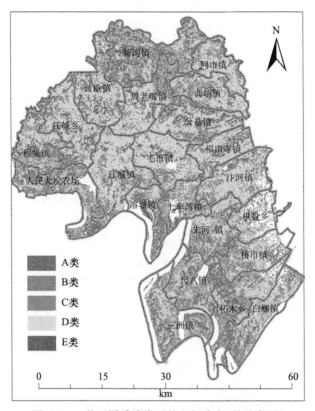

图 3.2　5 种不同受渍类型的空间分布（另见彩图）

表 3.1　5 种不同受渍类型基本统计信息

| 基本信息 | | A 类 | B 类 | C 类 | D 类 | E 类 |
|---|---|---|---|---|---|---|
| 面积/km² | | 254.0 | 305.3 | 606.8 | 1307.2 | 127.8 |
| 渍害次数年均值/次 | 均值 | 1.2 | 1.7 | 1.6 | 1.5 | 1.8 |
| | 方差 | 0.7 | 0.8 | 0.5 | 0.3 | 0.4 |
| 每次持续天数/d | 均值 | 32.2 | 19.1 | 14.0 | 13.4 | 13.9 |
| | 方差 | 26.6 | 10.8 | 7.5 | 3.9 | 16.7 |
| 渍害当天降雨量/mm | 均值 | 5.9 | 11.1 | 15.4 | 19.0 | 20.6 |
| | 方差 | 3.4 | 4.9 | 3.3 | 1.8 | 2.8 |
| 渍害当天及后二天降雨量/mm | 均值 | 15.8 | 22.2 | 29.2 | 33.6 | 37.7 |
| | 方差 | 5.1 | 3.7 | 3.3 | 2.0 | 4.1 |
| 渍害结束当天降雨量/mm | 均值 | 1.5 | 1.3 | 1.9 | 0.9 | 1.0 |
| | 方差 | 0.4 | 0.6 | 0.3 | 0.7 | 0.3 |
| 渍害结束当天及前二天降雨量/mm | 均值 | 3.6 | 4.7 | 6.8 | 6.3 | 4.9 |
| | 方差 | 2.7 | 2.5 | 2.9 | 2.5 | 1.8 |

| 基本信息 | | A 类 | B 类 | C 类 | D 类 | E 类 |
|---|---|---|---|---|---|---|
| 渍害结束当天及 前二天雨日/d | 均值 | 0.6 | 0.7 | 0.9 | 0.9 | 0.7 |
| | 方差 | 0.3 | 0.3 | 0.3 | 0.2 | 0.2 |
| 渍害期间降雨日 均值/mm | 均值 | 2.6 | 3.6 | 4.7 | 4.8 | 5.0 |
| | 方差 | 1.0 | 0.9 | 1.0 | 0.4 | 0.8 |
| 渍害天数年均值/d | | 38.5 | 32.0 | 22.3 | 19.9 | 25.5 |

对 8 个渍害特征值进行 5 种不同受渍类型的两两差异性检验(T 检验),发现除渍害结束当天日降水量 5 种不同受渍类型差异不显著外,其他均差异显著,决定用渍害发生当天日降水量、渍害发生前二天和当天总降水量 2 个特征量作为渍害开始的预警特征量,用渍害结束前二天和当天总降水量、渍害结束前二天和当天雨日作为渍害结束的预警特征量。确定具体渍害预警指标为:

A 类区渍害发生预报指标:如果未来一天降水量超过 3.5 mm,且未来三天降水量达到 11.2 mm 就可能发生渍害。渍害结束预报指标:渍害期间日均降水量超过 2.5 mm,如果未来三天降水总量小于 3.6 mm,且只有 1 d 以下雨日,表示渍害结束。

B 类区渍害发生预报指标:如果未来一天降水量超过 6.7 mm,且未来三天降水量达到 18.9 mm 就可能发生渍害。渍害结束预报指标:渍害期间日均降水量超过 3.5 mm,如果未来三天降水总量小于 4.8 mm,且只有 1 d 以下雨日,表示渍害结束。

C 类区渍害发生预报指标:如果未来一天降水量超过 12.5 mm,而且未来三天降水量达到 26.2 mm 就可能发生渍害。渍害结束预报指标:渍害期间日均降水量超过 4.6 mm,如果未来三天降水总量小于 6.9 mm,且只有 1 d 以下雨日,表示渍害结束。

D 类区渍害发生预报指标:如果未来一天降水量超过 17.4 mm,而且未来三天降水量达到 31.9 mm 就可能发生渍害。渍害结束预报指标:渍害期间日均降水量超过 4.8 mm,如果未来三天降水总量小于 6.3 mm,且只有 1 d 以下雨日,表示渍害结束。

E 类区渍害发生预报指标:如果未来一天降水量超过 18.1 mm,而且未来三天降水量达到 34.0 mm 就可能发生渍害。渍害结束预报指标:渍害期间日均降水量超过 4.9 mm,如果未来三天降水总量小于 5.0 mm,且只有 1 d 以下雨日,表示渍害结束。

通过对渍害发生预报指标分析,不难发现,不同类型抗渍害能力依次为 E 类、D 类、C 类、B 类、A 类。A 类抗渍害能力最差,只是少量降水就会产生渍害,而 E 类抗渍害能力最强,要日降水量超过 18.1 mm 才有可能受渍。监利市多数农田为 C 类或者 D 类,一般大雨级别的降水会产生渍害。

### 3.1.3 渍害预警指标的验证

将渍害预警指标应用到 1970—2014 年气象数据中,得到 5 种受渍类型区域 45 a 时间(1970—2009 年为回代结果,2010—2014 年为预报)始期预报的准确度和受渍区域的准确度结果,其中始期预报的准确度(实际发生次数/预报次数×100%)在60.5%~70.4%,是比较准确的。

同时将预报空间分布信息与 DHSVM 模型模拟的空间分布信息进行比较,计算得到代表受渍区域的预报准确度的 KAPPA 系数均值在 0.87~0.93,证明几乎完全一致。

表 3.2　5 种受渍类型区域基于降水指标的渍害预警准确度

| 类型 | 特征值 | A 类 | B 类 | C 类 | D 类 | E 类 |
|---|---|---|---|---|---|---|
| 渍害始期预报的准确度 | 45 a 内总预报次数/次 | 86 | 109 | 98 | 107 | 104 |
| | 45 a 内实际发生次数/次 | 52 | 73 | 69 | 75 | 80 |
| | 准确度/% | 60.5 | 67.0 | 70.4 | 70.1 | 76.9 |
| 受渍区域的准确度 | KAPPA 系数均值 | 0.87 | 0.89 | 0.93 | 0.90 | 0.87 |

将基于降水指标的渍害预警方法用于 2015 年监利市小麦和油菜渍害预报,4月8日预报 4 月 10 日(4 月 2—7 日降水总量达 184mm)渍害的空间分布,4 月 28 日当天对程集镇 31 个地方进行了调查,以农田农沟、毛沟有明水持续 3 d 作为是否是受渍农田区的标准,25 个受渍农田区,6 个非受渍农田区,与预报结果有 9 个有差异,7个受渍农田区标为非受渍农田区,有 2 个非受渍农田区标为受渍农田区,准确率为71%。4 月 26 日预报 4 月 28 日易涝易渍农田区的空间分布,同时 4 月 28 日实地调查了 36 个点,36 个中 28 个为受渍农田区,8 个为非易涝易渍农田区,而预报结果中7 个点有错误(5 个受渍农田区标为非受渍农田区,2 个非受渍农田区标为受渍农田区),准确率为 86%。说明基于降水指标的渍害预警方法还是比较准确的。

渍害的影响要素中随时间变化主要有大气降水和地下水位,而农田土壤属性、地形、排灌条件、耕作制度以及农作物抗渍能力等要素基本不随时间变化。5 种不同受渍类型正是这些不随时间变化要素的综合反映,由 5 种不同受渍类型降水指标可以看出:5 种类型依次易渍的类型是从 A 类到 E 类,即 A 类型区很小的降水就会引起渍害,是易渍区,与地势低,土壤导水率低,而且是汇水区有关;而 E 类型区则极不容易受渍,与地势高,河网发达,农田排水性能好有关。

同样是采用降水指标法来进行渍害预警,本研究是那些不随时间变化的影响因子固定成 5 种类型,再针对每种类型进行降水指标预报,相较其他仅用降水指标进行大尺度渍害预报,在精准度上有一个质的提高。相比采用分布式水文模型进行渍害预报,因只将类型分成 5 种,其准确度较模型预报低,但其方法简单、易操作、可实用的特点是模型预报所达不到的。

渍害的影响因子很多,本研究没有考虑到农作物抗渍能力对渍害的影响,不同农作物品种、不同的生育期对渍害影响是不一样的。如果量化农作物抗渍能力,并应用到渍害的预警上,可将渍害的预警提升一个新的层次。

### 3.1.4　长江中下游 5 省渍害预警指标

采用同样方法,对长江中下游 5 省(江苏省、安徽省、江西省、湖北省、湖南省)进行了分析,提出 8 种类型,得到 8 种类型的空间分布(图 3.3)。

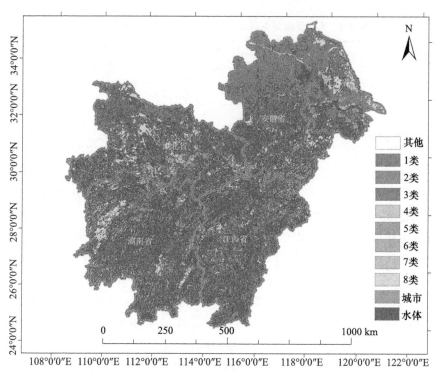

图 3.3　8 种不同受渍类型的空间分布(另见彩图)

8 种类型地区的渍害预警指标见表 3.3。

表 3.3　8 种类型渍害预警指标

| 等级 | 渍害 | | | 涝害 | | | |
|---|---|---|---|---|---|---|---|
| | 当天降水量 /mm | 三天降水量 /mm | 轻度持续 天数/d | 中度持续 天数/d | 重度持续 天数/d | 当天降水量 /mm | 三天降水量 /mm |
| 1 | | | | | | 260 | 520 |
| 2 | | | | | | 240 | 480 |
| 3 | 35 | 80 | 5～8 | 9～20 | ≥20 | 220 | 440 |
| 4 | 30 | 70 | 5～8 | 9～20 | ≥20 | 200 | 400 |
| 5 | 25 | 60 | 5～8 | 9～20 | ≥20 | 180 | 360 |
| 6 | 20 | 50 | 5～8 | 9～20 | ≥20 | 140 | 280 |

| 等级 | 渍害 | | | 涝害 | | | |
|---|---|---|---|---|---|---|---|
| | 当天降水量<br>/mm | 三天降水量<br>/mm | 轻度持续<br>天数/d | 中度持续<br>天数/d | 重度持续<br>天数/d | 当天降水量<br>/mm | 三天降水量<br>/mm |
| 7 | 15 | 40 | 5~8 | 9~20 | ≥20 | 120 | 240 |
| 8 | 10 | 30 | 5~8 | 9~20 | ≥20 | 100 | 200 |

同样,1、2 类地区很少受渍,数据越大的类型越容易受到渍害的影响,比如 8 类地区只要当天降水量大于 10 mm,三天累积降水量超过 30 mm,就容易受渍,持续 5~8 d 为轻度渍害,9~20 d 为中度渍害,超过 20 d 为重度渍害,如果当天降水量达到 100 mm,三天累积降水量超过 200 mm,就容易受到涝害的影响。

## 3.2　基于潜在渍害日指数的小麦渍害预报模型研究

目前农作物渍害预报预警方法主要是运用水文模型在天气预报结果的支持下,模拟农作区未来一段时间的土壤水分时空分布,结合渍害土壤水分指标来实现,成功在农作物渍害空间分布信息提取的模型有:①SaltMod(salt model)模型。Ajay Singh 分别运用 SGMP(standard groundwater model program)模型与 SaltMod 模型以季节为单位模拟出印度哈里亚纳邦 50 万 hm² 因灌溉而生成涝渍地的地下水位空间分布及时间变化,并根据模型模拟不同灌溉条件下地下水位变化特征和农作物反应,提出减少涝渍害和保证农农作物产量条件下的灌溉计划。② SAHYSMOD(spatial agro-hydro-salinity model)模型:该模型是根据水分条件的空间分布、水分管理情况、农作物轮作制度信息,以季节为单位模拟灌溉农田的土壤水分中的盐浓度、地下水量、排水流量、地下水位深度空间分布的水分模型,Ajay Singh 成功将其引入大尺度、长时序的渍害监测中,得到了不错的预报结果。③DHSVM(distributed hydrology doil vegetation model)模型。熊勤学(2015)采用分布式水文土壤植被模型,将监利市分成若干 90 m×90 m 的栅格单元,通过计算每个栅格单元的水平衡,达到模拟农田土壤水分状况的目的,结合农作物轻、中、重度 3 种渍害的水分特征指标和天气预报数据,模拟监利市未来几天夏收作物不同渍害的时空分布。④DRAINMOD 模型。贾艳辉运用 VB 语言,在地下水位监测硬件支持下,设计了基于排涝模型(DRAINMOD 模型)的农田渍害预警系统。由于模型模拟需要大量的观测数据支持与调参,因此运用气象预报结果数据,结合水文模型进行小麦渍害大尺度、高精度、及时的预报不现实。本章针对目前缺乏大范围农作物渍害预报的现实,构建基于多因素的小麦渍害预报预警指标模型,以实现长江流域小麦渍害大尺度、精细化、立体预报。

### 3.2.1 小麦潜在渍害日指数 PWWDI(the potential wheat waterlogging daily index)模型的确定

影响小麦渍害成灾因子很多,归纳起来有 3 类:气象条件、地形条件和土壤类型、农作物耐渍性,其中气象条件,特别是降水,是农作物致灾的决定条件,是主要因素。地形条件和土壤类型影响土壤水分再分配,是决定渍害空间分布差异的主因。农作物耐渍性是农作物致灾的关键要素。3 类致灾因子中,只用气象条件判别小麦是否受渍称为可能渍害预报,考虑气象条件、地形条件和土壤类型则称为潜在渍害预报,如果再加上农作物耐渍性条件才真正称得上是渍害的预报。

目前针对农作物可能渍害预报指标的计算研究很多,主要有 Guo 等(2016)提出涝渍害日指数 $WI$(daily waterlogging index)的概念来量化渍害对农作物的影响,其计算公式为:

$$WI_i = \text{SAPI} + M_i \tag{3.1}$$

式中 SAPI(standard antecedent precipitation index)为标准化前期降水指数(mm),反映前期降水对农作物的影响;$M_i$ 为第 $i$ 天相对湿度指数。

有学者(黄毓华,2000;吴洪颜 等,2016)提出用湿渍害日指数 $Q_i$ 的概念来量化可能渍害对农作物的影响,其计算公式为:

$$Q_i = \frac{R - ET_c}{ET_c} - \frac{S - S_0}{S_0} \tag{3.2}$$

式中 $R$ 为降雨量(mm);$ET_c$ 为农作物需水量(mm);$S$ 为日照时数(h);$S_0$ 为可照时数(h)。

由于这些指标只考虑了气象条件对渍害的影响,因此预报误差大,不具备农业生产指导作用,有必要加入地形条件和土壤类型条件,实现农作物潜在渍害预报预警。

首先用前期降水指数 API(antecedent precipitation index)来表达降水条件对渍害的影响,计算公式(吴子君 等,2017)为:

$$\text{API}_i = P_i + K \times \text{API}_{i-1} \tag{3.3}$$

式中 $\text{API}_i$ 为第 $i$ 天的前期降水指数(mm);$P_i$ 为第 $i$ 天的降雨量(mm);$\text{API}_{i-1}$ 为第 $i$-1 天的前期降水指数(mm);$K$ 为土壤水分的日消退系数,它综合反映土壤蓄水量因蒸散而减少的特性,因此 $K$ 值大小与蒸散发相关,其计算公式为(Xu et al.,2001):

$$K = 1 - \frac{EM}{WM} \tag{3.4}$$

式中 $EM$ 为流域日蒸散能力;$WM$ 为流域最大蓄水量。

$WM$ 计算公式为:

$$WM = P - R - E \tag{3.5}$$

式中 $P$ 为平均降雨量(mm),$R$ 为平均产流量(mm),$E$ 为平均蒸散量(mm),当 $P$ 大于 100 mm 时,API 为 100 mm。

$EM$ 采用 Hargreaves-Samani(H-S)模型计算,具体公式(Hargreaves et al.,

2003)为：

$$EM=0.0023(T+17.8)\sqrt{(T_{\max}-T_{\min})\frac{R_a}{\lambda}} \qquad (3.6)$$

式中：$T_{\max}$ 为日最高气温（℃）；$T_{\min}$ 为日最低气温（℃）；$R_a$ 为地球外辐射（MJ/M² · d）；$\lambda$ 为蒸发潜热（2.45 MJ/kg）。

API 不仅能用作潜在渍害的指标，它更多的是用于农作物干旱预测（王春林 等，2012），主要原因是 API 指数能反映土壤水分变化特征（Zhao et al.，2019）。由于 API 指数只考虑了气象条件的影响，有必要加入其他影响因子，使它更接近土壤水分变化特征。

式（3.4）中 $K$ 是土壤水分的日消退系数，它只考虑了蒸散的影响，而土壤水分差异的关键因子是地形条件和土壤类型，为表达地形条件差异，引入变量地形湿度指数 TWI，同时用土壤横向饱和导水率 $L_c$（lateral conductivity，$10^{-5}$ m/s）代表周围土壤水分的影响，得到 $K$ 值计算公式为：

$$K=\left(1-\frac{EM}{WM}\right)\times(a+b\times L_c\times\text{TWI}) \qquad (3.7)$$

式（3.7）取代式（3.4）来计算式（3.3），得到潜在渍害预报预警日指标计算公式，取名为小麦潜在渍害日指数（PWWDI：the potential wheat waterlogging daily index）

地形湿度指数 TWI（Beven et al.，1979）计算公式为：

$$\text{TWI}=\ln\left(\frac{\alpha}{\text{tg}\beta}\right) \qquad (3.8)$$

式中 $\alpha$ 为单位等高线长度或单元栅格的汇流面积；$\beta$ 为局部坡度角。

具体计算过程采用单流向算法（张镀光 等，2005）：下载湖北省监利市的 SRTM（shuttle radar topography mission）、DEM 数据并在 ARCGIS 中进行 SINK 处理，然后进行 flow direction 和 flow accumulation 处理，得到 $\alpha$ 值为 flow accumulation 值与单元格面积乘积；同时在 ARCGIS 进行 slope 计算，得到 $\beta$ 值，代入式（3.8），可得 TWI 值；如果 $\beta=0$，取 TWI 值为 0。

### 3.2.2 小麦潜在渍害日指数计算公式中参数的确定

为计算式中参数和验证预报模型的正确性，在监利市共设 12 个渍害监测点，每个点设一套 HOBO 自动气象站和土壤水分监测点，观测日期为 2014—2016 年每年 3 月 1 日—4 月 30 日（小麦拔节期—乳熟期），2017—2019 年数据作为验证数据，12 个监测点的其他相关信息见表 3.4。

表 3.4　12 个监测点的相关信息

| 观测点 | 经度/° | 纬度/° | 所属乡镇 | 土壤类型 | 小麦品种 | 海拔高度/m | TWI 值 |
|---|---|---|---|---|---|---|---|
| 1 | 112.784 | 30.060 | 黄歇口镇 | 黄棕壤 | 鄂麦 18 | 27 | 15.45 |

续表

| 观测点 | 经度/° | 纬度/° | 所属乡镇 | 土壤类型 | 小麦品种 | 海拔高度/m | TWI值 |
|---|---|---|---|---|---|---|---|
| 2 | 112.874 | 30.129 | 新沟镇 | 水稻土 | 鄂麦23 | 26 | 15.86 |
| 3 | 112.901 | 30.036 | 周老嘴镇 | 水稻土 | 鄂麦23 | 27 | 4.29 |
| 4 | 112.703 | 29.927 | 程集镇 | 水稻土 | 郑麦9023 | 27 | 14.08 |
| 5 | 112.976 | 29.901 | 毛市镇 | 水稻土 | 鄂麦18 | 26 | 0.00 |
| 6 | 113.11 | 30.089 | 网市镇 | 水稻土 | 鄂麦14 | 25 | 0.00 |
| 7 | 113.11 | 30.059 | 龚场镇 | 水稻土 | 鄂麦23 | 25 | 0.00 |
| 8 | 113.065 | 29.965 | 分盐镇 | 潮土 | 郑麦9023 | 26 | 13.39 |
| 9 | 113.134 | 29.919 | 福田寺镇 | 水稻土 | 华麦13 | 25 | 14.54 |
| 10 | 113.09 | 29.765 | 朱河镇 | 水稻土 | 郑麦9023 | 27 | 14.29 |
| 11 | 113.162 | 29.687 | 桥市镇 | 水稻土 | 华麦13 | 28 | 0.00 |
| 12 | 113.183 | 29.627 | 柘木乡 | 黄棕壤 | 鄂麦23 | 26 | 5.20 |

小麦潜在渍害日指数既是影响农作物渍害成因的综合因子,也是反映土壤水分空间差异的特征量(王素萍 等,2013)。为计算小麦潜在渍害日指数计算式中参数 $a$、$b$ 值,用12个观测点2014—2016年每年3—4月土壤体积含水率的平均值与其他 TWI 值和 $L_c$ 值的乘积相关线性回归分析求算 $a$、$b$ 值,其中 $L_c$ 值按土壤类型取值,分析为黄棕壤:$0.01 \times 10^{-5}$ m/s、水稻土:$0.015 \times 10^{-5}$ m/s、潮土:$0.02 \times 10^{-5}$ m/s,得出线性回归方程为:

$$y = 0.1375 \times L_c \times \text{TWI} + 0.24 \qquad (3.9)$$

线性回归结果见图3.4,其相关系数为0.9,$F_{(1,11)} = 42.7 > F_{0.001}$

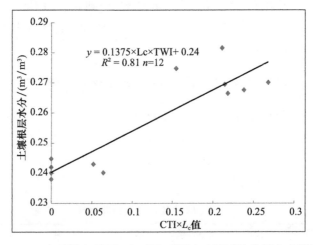

图3.4  12个观测点 TWI×$L_c$ 值与观测点土壤平均体积含水率关系

对公式进行归一化处理,统一除以土壤平均体积含水率 0.26 m³/m³,得到式(3.7)中的 $a$ 值为 0.94,$b$ 值为 0.54,最终得到小麦潜在渍害日指数(PWWDI)计算公式为:

$$PWWDI_i = P_i + \left(1 - \frac{EM}{WM}\right) \times (0.94 + 0.54 \times L_c \times TWI) \times PWWDI_{i-1} \quad (3.10)$$

### 3.2.3　小麦潜在渍害日指数计算公式的验证

将 12 个观测点 2014—2016 年 3—4 月观测到的土壤水分日均值与式(3.10)计算的小麦潜在渍害日指数(样本数为 3843 个)进行比较分析(图 3.5),其复相关系数为 0.61,达到极显著水平。如果用式(3.4)(不考虑地形湿度指数和土壤横向导水率)计算 $K$ 值计算 API 指数,得到的 API 指数与土壤水分日均值的复相关系数只有0.52,说明小麦潜在渍害日指数比前期降雨指数 API 更准确地反映土壤水分日均值时空差异。

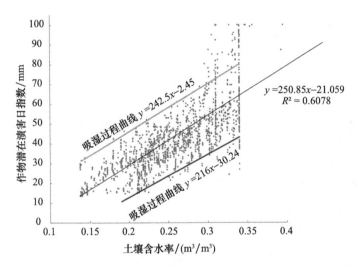

图 3.5　12 个观测点 2014—2016 年 3—4 月观测到的土壤水分日均值与
小麦潜在渍害日指数的相关性分析

将 2017 年观测点 3 的观测数据与同期小麦潜在渍害日指数比较分析发现(图 3.6),其相关系数为 0.89,而且两要素的时间变化曲线基本一致,同时发现两者关系像土壤吸力和土壤水分关系一样,有明显的吸湿过程和脱湿过程,即当土壤水分减少时,小麦潜在渍害日指数比较低,而当土壤水分增加到同样的值时,小麦潜在渍害日指数普遍偏高,产生这一现象的主要原因是小麦潜在渍害日指数主要反映环境要素对土壤水分的综合影响,而土壤水分的响应滞后于环境要素的影响。

渍害日指数与土壤水分吸湿和脱湿过程的差异性导致农作物渍害发生和结束时的渍害日指数不同,农作物渍害发生时是吸湿过程,其渍害日指数高,农作物渍害结束时是脱湿过程,其渍害日指数低。

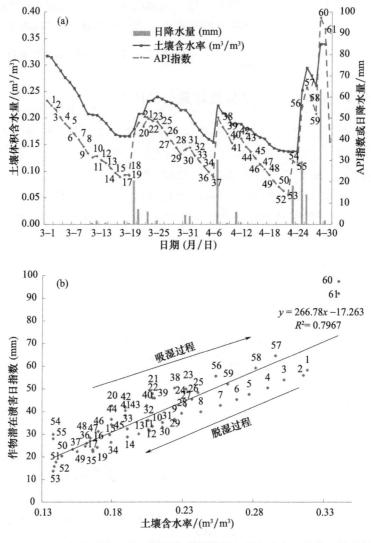

图 3.6　2017 年观测点 3 的土壤水分观测数据与潜在渍害日指数比较分析
注:图中每个点的数据表示天数序号(1~61 代表 2017 年 3 月 1 日—2017 年 4 月 30 日共 61 d)

### 3.2.4　基于小麦潜在渍害日指数的渍害指标确定

渍害的判别标准如下(Kohler et al.,1951):当农田地下水位埋深小于 60 cm,土壤根层相对体积含水率 5 d 滑动均值高于 90% 的持续期大于 5 d,认为夏收作物受到轻度渍害;如果持续期大于 12 d 认为受到中度渍害;持续期 20 d 以上认为受到重度渍害。

按照渍害的判别标准,根据 2014—2016 年 12 个观测点的土壤水分数据,得到渍害发生时和结束时小麦潜在渍害日指数值的频率分布图(图 3.7)。

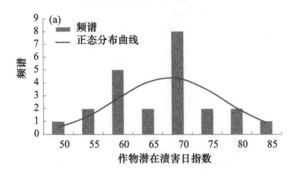

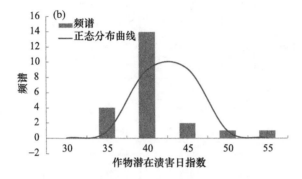

图 3.7　2014—2016 年监利市 12 个观测点渍害发生时(a)和
结束时(b)小麦潜在渍害日指数值的频谱图

由图 3.7a 看出,渍害发生时小麦潜在渍害日指数值主要集中在 60~75 mm,平均值为 68.7 mm,结束时(图 3.7b)小麦潜在渍害日指数值主要集中在 35~45 mm,平均值为 42.5 mm。

监利市土壤根层相对体积含水率为 90% 相当于土壤体积含水率为 0.32 m³/m³,将它作为 $x$ 代入图 3.6 中的吸湿曲线方程和脱湿曲线方程,得到渍害发生时,小麦潜在渍害日指数为 75.2 mm,渍害结束时小麦潜在渍害日指数为 38.9 mm。

综合 2 种方法,小麦受渍指标为:当农田地下水位埋深小于 60 cm,小麦潜在渍害日指数 5 d 滑动均值高于 65 mm 的持续期大于 5 d,认为小麦受到轻度渍害;如果持续期大于 12 d 认为受到中度渍害;持续期 20 d 以上认为受到重度渍害;渍害发生后,当小麦潜在渍害日指数小于 40 mm 时,渍害结束。

将基于小麦潜在渍害日指数的受渍指标运用到监利市 3 个监测点 2017—2019 年渍害预报实际中,与以土壤含水量为依据的小麦渍害标准获得的结果比较,得到的预报结果与实际结果比较信息(表 3.5)。由表 3.5 可知,22 次有 17 次准确,3 次漏报,2 次误报,其中 3 次漏报是预报的渍害持续期小于 5 d 而忽略,2 次误报是 2018 年 4 月 5 日降雨量达到 86.7 mm,后期无雨,导致当日 API 指数异常高而产生的误报。77.3% 的准确率证明用小麦潜在渍害日指数进行渍害预报预警还是比较准确的。

表 3.5　2017—2019 年监测点实际受渍信息与预报结果比较

| 序号 | 监测地点 | 实际受渍时段/<br>(yy. mm. dd—<br>yy. mm. dd) | 土壤根层平均<br>体积含水量/<br>(m³/m³) | 预报受渍时段/<br>(yy. mm. dd—<br>yy. mm. dd) | 开始日期<br>API/mm | 结束时值<br>API/mm |
|---|---|---|---|---|---|---|
| 1 | 4 | 17.03.11—17.03.24 | 0.338 | 17.03.12—17.03.22 | 70.1 | 44.9 |
| 2 | 4 | 17.04.05—17.04.11 | 0.342 | 17.04.05—17.04.13 | 80.8 | 45.2 |
| 3 | 4 | 18.03.01—18.03.08 | 0.322 | 漏报 | | |
| 4 | 4 | 18.03.16—18.03.22 | 0.336 | 18.03.17—18.03.23 | 81.4 | 45.6 |
| 5 | 4 | 误报 | | 18.04.05—18.04.09 | 100 | 34.4 |
| 6 | 4 | 19.02.28—19.03.07 | 0.337 | 19.02.28—19.03.06 | 67.7 | 41.2 |
| 7 | 4 | 19.04.08—19.04.16 | 0.321 | 19.04.09—19.04.18 | 82.2 | 50.3 |
| 8 | 4 | 19.04.21—19.05.01 | 0.341 | 19.04.22—19.04.30 | 74.6 | 48.3 |
| 9 | 5 | 17.03.13—17.03.22 | 0.329 | 17.03.14—17.03.20 | 67.8 | 48.9 |
| 10 | 5 | 18.03.03—18.03.07 | 0.311 | 漏报 | | |
| 11 | 5 | 18.03.16—18.03.20 | 0.328 | 18.03.18—18.03.23 | 85.3 | 48.6 |
| 12 | 5 | 18.04.11—18.04.16 | 0.334 | 18.04.11—18.04.16 | 70.3 | 44.5 |
| 13 | 5 | 19.02.28—19.03.08 | 0.332 | 19.03.01—19.03.06 | 62.7 | 48.2 |
| 14 | 5 | 19.04.08—19.04.14 | 0.331 | 19.04.09—19.04.18 | 73.8 | 48.6 |
| 15 | 5 | 19.04.21—19.05.01 | 0.341 | 19.04.22—19.04.30 | 74.6 | 48.3 |
| 16 | 9 | 17.03.11—17.03.24 | 0.337 | 17.03.12—17.03.22 | 76.7 | 42.5 |
| 17 | 9 | 17.04.05—17.04.12 | 0.336 | 17.04.05—17.04.13 | 82.4 | 40.8 |
| 18 | 9 | 18.03.01—18.03.08 | 0.328 | 漏报 | | |
| 19 | 9 | 18.03.15—18.03.22 | 0.323 | 18.03.16—18.03.23 | 70.4 | 42.6 |
| 20 | 9 | 误报 | | 18.04.05—18.04.09 | 66.1 | 41.7 |
| 21 | 9 | 19.02.28—19.03.07 | 0.337 | 19.02.28—19.03.06 | 67.7 | 41.2 |
| 22 | 9 | 19.04.08—19.04.16 | 0.321 | 19.04.09—19.04.18 | 82.2 | 50.3 |

　　小麦潜在渍害日指数计算需要输入的参数为气象数据、地形湿度指数和横向饱和导水率,其中地形湿度指数和横向饱和导水率不随时间变化,因此用高程空间数据和土壤类型空间数据可以得到这 2 个参数的空间分布,结合气象数据,就能实现高空间分辨率不同地点的小麦渍害差异化预测预报的结果,在少量监测数据的情况下,可大大提高小麦渍害预测预报精度。简单、实用、可操作性强和精度高是运用小麦潜在渍害日指数进行渍害预测预报的优点。

　　尽管基于小麦潜在渍害日指数的农作物受渍预报预警得到验证,但其通适性还有待进一步研究。同时小麦潜在渍害日指数没有考虑农作物的耐渍性,如何将农作物的耐渍性融入小麦潜在渍害日指数计算式中,是未来小麦受渍预报预警研究方向。

　　本章在量化农作物渍害成灾因子的基础上,提出了小麦潜在渍害日指数概念,并给出了小麦潜在渍害日指数的计算公式。小麦潜在渍害日指数综合考虑了气象条件、地形和土壤类型对渍害的影响,而且式中参数易获取,较涝渍害日指数、前期降水指数更加准确。同时提取了监利市基于小麦潜在渍害日指数的夏收作物受渍指标,通过 3 年的验证,结果比较准确的。

# 参考文献

曹宏鑫,杨太明,蒋跃林,等,2015. 花期渍害胁迫下冬油菜生长及产量模拟研究[J]. 中国农业科技导报,17(1):137-145.

陈继元,1989. 渍害低产田判别标准的定量分析[J]. 农田水利与小水电(4):13-15.

黄毓华,武金岗,高苹,2000. 淮河以南春季三麦阴湿害的判别方法[J]. 中国农业气象,21(1):23-26,46.

金之庆,石春林,2006. 江淮平原小麦渍害预警系统(WWWS)[J]. 作物农作物学报,32(10):1458-1465.

刘洪,金之庆,2005. 江淮平原油菜渍害预报模型[J]. 江苏农业学报,21(2):86-91.

盛绍学,石磊,张玉龙,2009. 江淮地区冬小麦渍害指标与风险评估模型研究[J]. 中国农学通报,25(19):263-268.

石春林,金之庆,2003. 基于 WCSODS 的小麦渍害模型及其在灾害预警上的应用[J]. 应用气象学报,14(4):462-468.

王春林,陈慧华,唐力生,等,2012. 基于前期降水指数的气象干旱指标及其应用[J]. 气候变化研究进展,8(3):157-163.

王素萍,张杰,宋连春,等,2013. 多尺度气象干旱与土壤相对湿度的关系研究[J]. 冰川冻土,35(4):865-873.

闻瑞鑫,胡新民,凌炳锦,等,1997. 渍害对小麦的影响及受渍临界指标的探讨[J]. 中国农村水利水电(4):9-11.

吴洪颜,曹璐,李娟,等,2016. 长江中下游冬小麦春季湿渍害灾损风险评估[J]. 长江流域资源与环境,25(8):1279-1285.

吴洪颜,高苹,刘梅,2013. 基于太平洋海温的冬小麦春季湿渍害预测模型[J]. 地理研究,32(8):1421-1429.

吴子君,张强,石彦军,等,2017. 多种累积降水量分布函数在中国适用性的讨论[J]. 高原气象,36(5):1221-1233.

熊勤学,2015. 基于土壤植被水文模型的县域夏收作物作物渍害风险评估[J]. 农业工程学报,31(21):177-183.

杨威,朱建强,吴启侠,2013. 油菜受渍对产量的影响及排水指标研究[J]. 灌溉排水学报,32(6):31-34.

喻光明,1993. 江汉平原渍害田生态特征的研究[J]. 生态学报,13(3):252-260.

张镀光,王克林,陈洪松,等,2005. 基于 DEM 的地形指数提取方法及应用[J]. 长江流域资源与环境,14(6):715-719.

BEVEN K J,KIRKBY M J,1979. A physically based,variable contributing area model of basin hydrology [J]. Hydrological Sciences Bulletin(24):43-68.

GUO E L,ZHANG J Q,WANG Y F,et al,2016. Dynamic risk assessment of waterlogging disaster for maize based on CERES-Maize model in Midwest of Jilin Province, China [J]. Nat Hazards, 83: 1747-1761.

HARGREAVES G H,ALLEN R G,2003. History and evaluation of Hargreaves evapotranspiration equation[J]. Jounal of Irrigation and Drainage Engineering,129(1):53-63.

KOHLER M A,LINSLEY R,1951. Predicting the runoff from storm rainfall. National oceanic and atmospheric administration weather bureau research papers [C]. US Department of Commerce, Weather Bureau,Washington.

SINGH A,PANDA S,2012a. Integrated salt and water balance modeling for the management of waterlogging and salinization. I:Validation of SAHYSMOD [J]. Journal of Irrigation and Drainage Engineering,138(11):955-963.

SINGH A,PANDA S,2012b. Integrated salt and water balance modeling for the management of waterlogging and salinization. II:Application of SAHYSMOD [J]. Journal ofIrrigation and Drainage Engineering,138(11):964-971.

TESFA T K,2010. Distributed Hydrological Modeling Using Soil Depth Estimated from Landscape Variable Derived with Enhanced Terrain Analysis. All Graduate Theses and Dissertations. Paper 616. http://digitalcommons. usu. edu.

WIGMOSTA M S,NIJSSEN B,STORCK P,2002. The distributed hydrological soil vegetation model. Mathematical Models of Small Watershed Hydrological and Applications[A]. In:Sigh V P,Department of Civil and Environment Engineering Louisiana State University,Water Resource Publications,LLC.

WIGMOSTA M S,VAILLW,LETTENAMAIER D P,1994. A distributed hydrological vegetation model for complex terrain[J]. Water Resource Research,30(6):1665-1679.

XU C Y,SINGH V P,2001. Evaluation and gene ralization of temperature-based methods for calculation evaporation [J]. Hydrological Processes,15(2):305-319.

ZHAO B,DAI Q ,HAN D,et al,2019. Estimation of soil moisture using modified antecedent precipitation index with application in landslide predictions[J]. Landslide,16(12):234-243.

# 第4章 小麦渍害的风险评价与区划

国内外对渍害风险评估与区划研究不多,主要为以基于气象要素构建渍害的分级指标的基础进行风险评估与区划,如吴洪颜等(2012)等运用较好反映冬小麦春季湿渍害特征的 3 个气象要素(旬降雨量、旬日照时数和旬雨日),构建冬小麦湿渍害风险指数模型,并利用所建风险指数模型对江苏省冬小麦的湿渍害风险进行了区划和评估;盛绍学等(2009)采用同样的方法综合考虑降水量、降水日数和日照要素后确定了冬小麦渍害灾害分级指标,构建了反映冬小麦渍害程度的评估模型并进行了区划和评估。这种仅考虑气象条件和指标构建法在大尺度风险评估与区划适用,但对于县级等中小尺度气象要素水平空间分布不明显的条件下进行风险评估与区划并不合适。国外对渍害风险评估与区划主要运用水文模型,如一些学者(Chowdary et al.,2008;Ajay,2013,2012;Groundwater,2010;Singh et al.,2012a,2012b)分别成功运用 SGMP(standard groundwater model program)模型与 SaltMod(soil salinity models)模型以季节为单位模拟出印度哈里亚纳邦 50 万 hm² 因灌溉面生成渍害田的地下水位空间分布及时间变化,并根据模型模拟不同灌溉条件下地下水位变化特征和农作物反应,提出不同级别区划地区减少渍害和保证农作物产量条件下的灌溉计划,一些学者(Singh et al.,2012a,2012b)成功将 SAHYSMOD 模型(spatial agro-hydro-salinity model)引入渍害田地下水位变化模拟与渍害调控规划中,尽管 SAHYSMOD 模型有着输入参数少,在灌溉计划的调节与控制上有很好的表现,但由于 SAHYSMOD 模型以季节为单位、1024 个模拟单元的限制大大制约了其时空精度。

下面介绍 2 种小麦渍害精细化的风险评价方法,基于水文模型的风险评价方法和基于受渍程度指标的风险评价方法。

## 4.1 基于 DHSVM 模型的小麦渍害风险评估与区划

基于地面高程所划分的分布式水文模型(Band,1986)能模拟流域每个单元中的水运动,而且考虑了单元之间各要素相互影响,因此能高精度反演农田水分的空间分布及变化规律。DHSVM 模型(the distributed hydrology soil vegetation model)是美国华盛顿大学西北太平洋国家实验室于 1994 年提出并研制成功的一种分布式水文模型(Wigmosta et al. ,1994,2002)。它综合考虑了蒸散、地面降雪和融雪、冠层截雪和积雪融化、不饱和土壤水运动、饱和土壤水运动、饱壤中流、饱和坡面流、河道流量演算、植被阴影等要素影响。广泛地应用于生产实践和研究领域(Wigmosta et al. ,2002),如水文分析和模拟(郝振纯 等,2012;王守荣 等,2002;康丽莉 等, 2008)、环境与水文的相互作用(Wigmosta et al. ,2001;Lan et al. ,2006;Mohammad et al. ,2012)、气候变化对水资源的潜在影响等。DHSVM 模型与其他水文模型(SHE 模型、TOPMODEL 模型、SWAT 模型)相比,其模块化结构使得每个模块代表一个物理过程,物质能量平衡完全基于物理过程,无经验概念,适于拓展流域研究的时间尺度及在无资料地区进行水文研究(Leung et al. ,1996)。DHSVM 模型较 SAHYSMOD 模型模拟步长短(1~24 h),也较 SWAT 模型简单,特别是模块分离,很容易用其他模块取代,比如 Luz(2012)用 HAND 模型(height above the nearest drainage)取代传统的用 DEM 提取河网信息模型,使得 DHSVM 模型应用到平原湖区,加上其开源政策势必成为研究农田渍害时空分布及变化规律的理想工具。

在 DHSVM 模型中输入渍害影响因子(气象条件、土壤物理属性、地下水位、地形、排灌条件以及耕作制度)数据,通过调参,以 1 d 为步长模拟 1970—2014 年夏收作物(小麦与油菜)生长期间监利市水分的空间分布,结合夏收作物生育生长水分关键期(3 月、4 月)渍害水分指标,反演渍害的时空分布,最后根据 45 a 渍害时空变化规律,构建监利市夏收作物渍害风险评估与区划。

### 4.1.1　DHSVM 模型输入与验证

气象数据选取主要分 2 个时段,1970—1996 年气象数据选取监利市台站数据,而 1996 年后气象数据选取监利市 22 个自动气象站逐时资料,主要包括风速、气温、湿度、小时降雨量等,而太阳辐射和长波辐射数据通过计算而得,参考刘可群 等(2008)的计算方法;DEM 高程数据采用美国航空航天局的 SRTM(shuttle radar topography mission)数据,空间分辨率为 90 m,因此整个 DHSVM 模型每个栅格的大小规定为 90 m;土壤类型数据自 1∶12 万监利市土壤类型地图电子化而来,主要有 3 种土壤类型:灰潮土、水稻土、黄综壤土;土地利用现状数据利用高分一号 CCD 数据,采用农作物时序特征提取方法提取而来(熊勤学 等,2009,2014);具体将土地利用现状分为城市、中稻(一熟制)、小麦+中稻、油菜+中稻、棉花(一熟制)、小麦+棉花、油菜+棉花、双季稻、树木、水域、空地、其他种植制度等类型;模型中使用的土壤、农作物相关模型参数主要来自文献(Mohammad,2012;吴华山 等,2006)和模型缺省数据。为对模型进行调参和验证模型模拟结果的正确性,在程集自动气象站(项目示范点)设了一个 EM50 土壤水分自动采集系统,每隔 15 min 自动观测 0~10 cm、10~20 cm、20~30 cm 土层的土壤体积含水量,将 3 个深度的土壤体积含水量取平均,同时将 1 h 内 4 个观测值平均,视为这小时的土壤根层体积含水量观测值。

由于缺乏土壤和植被类型的实测参数数据,对一些敏感参数根据实测土壤根层体积含水量进行参数率确定,如横向饱和导水率、横向饱和导水率随深度的递减指数、田间持水量、最大渗透率等,调参的方法是将这些参数在模型默认数值上乘以一个修正系数,这个系数在 0.5~1.5 间隔 0.1 分别取值,并将计算的结果与实测结果进行 Nash-Stucliffe 效率系数 $R^2$ 比较,具体公式为:

$$R^2 = 1 - \frac{\sum\limits_{i=1}^{n} (M_{obs,i} - M_{sim,i})^2}{\sum\limits_{i=1}^{n} (M_{obs,i} - \overline{M}_{obs})^2} \tag{4.1}$$

式中 $M_{obs,i}$ 为实测的土壤体积含水量,$\overline{M}_{obs}$ 为实测土壤体积含水量均值,$M_{sim,i}$ 为模拟的土壤体积含水量。

$R^2$ 值越大,表示模拟选取的参数越接近真实值,不断调整修正系数,最后选取 $R^2$ 值最大的参数为模型参数。

用均方根误差(RMSE)衡量模型拟合效果,公式为:

$$RSME = \sqrt{\sum_{i=1}^{n} (M_{obs,i} - M_{sim,i})^2 / n} \tag{4.2}$$

式中 $M_{obs,i}$ 为观测值,$M_{sim,i}$ 为模拟值,$n$ 为样本数,其值越小,表示模型模拟的效果越好。

### 4.1.2　夏收作物渍害辨别标准及风险评估、区划标准

目前公认(喻光明,1993;陈继元,1989)判断渍害田的标准是:①渍害田地下水位埋深浅,稻田枯水期、旱地农作物生长初期地下水位埋深一般小于 60 cm,埋深越浅,渍害程度就越严重。②渍害田在淹水期间的透水性差,一般为 1 mm/d 左右,有的甚至不渗,当渗漏量增加时,渍害程度逐渐减小,一般把渗漏量为 5 mm/d 作为较理想状态。③渍害田质地黏重,一般情况下耕作层或犁底层<0.001 mm 的黏粒含量大于 30%,且<0.01 mm 的物理性黏粒含量大于 70%。④渍害田的土壤有机质含量较高,一般超过 3%,但分解缓慢,速效养分含量低。⑤农作物生长发育不良,对于水稻田黑根占 10%~30%,叶面积指数小于 8,株高不超过 75 cm,空壳率在 14%以上。⑥农作物产量低,产量较正常值少 30%~50%,严重渍害区产量极低。结合长期在监利渍害研究经验,监利市渍害对夏收作物产量影响最大的时期为 3 月、4 月,即为小麦和油菜生育生长期,当地下水位埋深小于 60 cm,土壤根层相对体积含水量持续 5 d 高于 90%,认定受到渍害影响。

运用 DHSVM 模型,以 1 d 为步长模拟 1970—2014 年夏收作物生长期间每年 3 月、4 月监利市土壤表层水分的空间分布,空间分辨率为 90 m,提取每个栅格点这段

时间内满足渍害标准的天数,除以 57 d(3 月、4 月 5 d 的持续期),得到此栅格点该年受渍害比率,其公式为:

$$年受渍害比率=\frac{受渍天数}{总日期-5+1} \tag{4.3}$$

45 a 取平均后,得到受渍害比率均值,以受渍害比率均值大小作为渍害风险评估与区划的标准。

### 4.1.3　模型的调参与模拟结果验证

运用 2014 年 2 月 13 日—5 月 20 日程集自动气象站的每小时的土壤体积含水量数据作为观测数据对模型进行调参,通过不断调整修正系数,最后选取 Nash-Stucliffe 效率系数最大值 0.746(样本数为 2328 个)时的参数作为模型确定参数,见表 4.1。

表 4.1　DHSVM 模型中土壤类型参数设置

| 土壤参数 | 灰潮土 | 水稻土 | 黄综壤土 | 水体 |
|---|---|---|---|---|
| 横向饱和导水率/(m/s) | 0.02 | 0.01 | 0.03 | 0.01 |
| 横向饱和导水率随深度的递减指数 | 1.0 | 0.1 | 1.2 | 2.0 |
| 最大渗透率/($e^{-5}$m/s) | 3.0 | 1.4 | 2.0 | 1.0 |
| 地表反射率 | 0.15 | 0.25 | 0.15 | 0.10 |
| | 0.50 | 0.55 | 0.20 | 0.08 |
| 土壤空隙度(三层) | 0.48 | 0.53 | 0.22 | 0.08 |
| | 0.42 | 0.52 | 0.24 | 0.08 |
| | 0.30 | 0.32 | 0.29 | 0.36 |
| 田间持水量(三层) | 0.31 | 0.31 | 0.31 | 0.36 |
| | 0.32 | 0.32 | 0.32 | 0.36 |
| | 0.21 | 0.135 | 0.14 | 0.27 |
| 凋萎系数(三层) | 0.21 | 0.137 | 0.14 | 0.27 |
| | 0.21 | 0.139 | 0.14 | 0.27 |
| | 0.15 | 0.22 | 0.20 | 0.08 |
| 空隙大小分布(三层) | 0.13 | 0.25 | 0.22 | 0.08 |
| | 0.13 | 0.28 | 0.24 | 0.08 |
| | 0.35 | 0.22 | 0.11 | 0.37 |
| 土壤发泡点(m,三层) | 0.35 | 0.25 | 0.11 | 0.37 |
| | 0.35 | 0.28 | 0.11 | 0.37 |
| | 1.7 | 2.0 | 1.2 | 1.0 |

续表

| 土壤参数 | 灰潮土 | 水稻土 | 黄综壤土 | 水体 |
|---|---|---|---|---|
| 垂直传导率(e⁻⁵ m/s 三层) | 1.7 | 2.0 | 1.2 | 1.0 |
| | 1.7 | 2.0 | 1.2 | 1.0 |
| 土壤容量/(kg/m³,三层) | 1381 | 1160 | 1485 | 1394 |
| | 1381 | 1280 | 1485 | 1394 |
| | 1381 | 1450 | 1485 | 1394 |
| 热容量/( e⁶ J/(m³·K),三层) | 1.4 | 1.4 | 1.4 | 1.4 |
| | 1.4 | 1.4 | 1.4 | 1.4 |
| | 1.4 | 1.4 | 1.4 | 1.4 |
| 土壤导热率/(W/(m·K),三层) | 7.11 | 7.11 | 7.11 | 7.11 |
| | 6.92 | 6.92 | 6.92 | 6.92 |
| | 7.00 | 6.92 | 7.00 | 6.92 |

其中土壤横向饱和导水率是缺省参数的 1.4 倍,其他参数基本在缺省值±10%以内,主要原因是模型没有考虑排灌设施对水分运动的影响。

用调整参数的数据模拟 2014 年 5 月 25 日—9 月 23 日逐时段的土壤水分运行情况,将其土壤体积含水量的模拟值与观测值对比。从模拟值与观测值时序变化图(图 4.1)可以看出,两者变化趋势基本一致。两者差异最大的出现在降水时,即土壤达到饱和时,模型设定最大土壤含水量上限,最大田间持水量 $0.31$ cm³/cm³(潮土)、$0.31$ cm³/cm³(水稻土),而用 EM50 仪器测量土壤体积含水量量程范围为 $0\%$ ~ $45\%$;其他时段差异不大。模拟时段内所有观测值与模型值的比较(图 4.2)结果,两

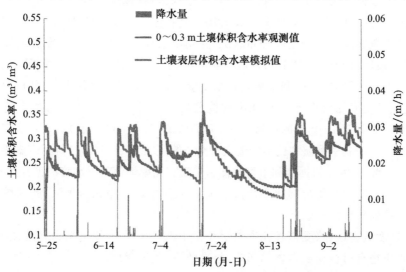

图 4.1　2014 年 5 月 25 日—9 月 23 日时段内的降水量、模拟值与观测值时序变化

者之间的决定系数 $R^2$ 为 0.58(样本数为 2715 个),用均方根误差公式计算模拟值与观测值两者拟合程度,得到 RMSE 值为 0.039,说明用 DHSVM 模型模拟监利市土壤墒情的时间变化规律比较准确。

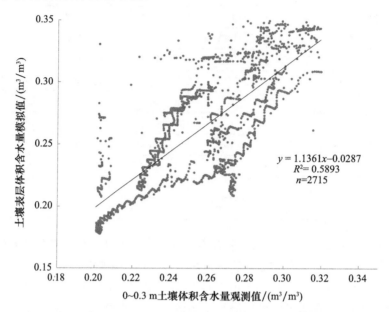

图 4.2　2014 年 5 月 25 日—9 月 23 日时段内所有模拟值与观测值比较图

### 4.1.4　夏收作物渍害区划与风险评估

将气象数据改为 1970—2014 年逐日气象数据,模拟步长改为 24 h,其他参数不变的情况下,用 DHSVM 模型模拟 45 a 每年夏收作物生长期(3 月、4 月)期间内的监利市逐日土壤表层水分的空间分布状况,并用夏收作物渍害辨别标准确定每个单元渍害天数,最后得到 45 a 监利市夏收作物受渍害比率均值空间分布图(图 4.3)。

由图 4.3 可以看出,监利市夏收作物受渍害比率均值空间差异大,分析发生频率发现,受渍害比率均值小于 0.1(比率均值前后应保持一致)的区域占整个监利市农田面积的 2.7%;0.1~0.3 的区域占 55.7%;0.3~0.6 的区域占 26.5%;大于 0.6 的地方占 15.1%。其中受渍害比率均值大于 0.3 的区域为 41.6%,与监利市多年对渍害田调查结果吻合,因此根据监利市夏收作物受渍害比率均值的大小将渍害分成 4 类。

(1)无渍害区:将受渍害比率均值小于 10%区域定义为无渍害区,此区域夏收作物基本不受到渍害的影响。

(2)轻度渍害区:将受渍害比率均值介于 10%~30%区域定义为轻度渍害区,此区域夏收作物有时会受到渍害的影响,但次数少,危害程度轻。

(3)中度渍害区:将受渍害比率均值介于 30%~60%区域定义为中度渍害区,此区域夏收作物经常受到渍害的影响,对夏收作物产量影响大。

（4）重度渍害区:将受渍害比率均值大于 60% 区域定义为重度渍害区,此区域夏收作物受到渍害的影响严重,对夏收作物产量有严重的影响,基本不适合夏收作物的种植。

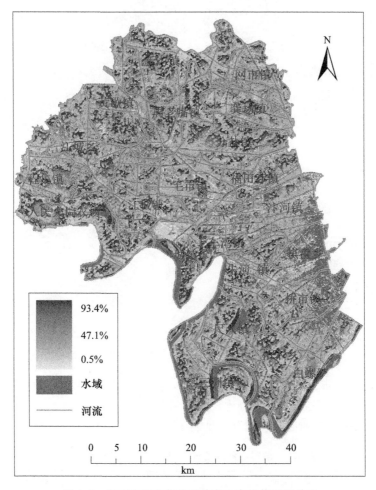

图 4.3　监利市夏收作物受渍害比率均值空间分布

按照渍害划分指标:得到监利市夏收作物渍害区划图(图 4.4)。

结合实地调查,每种分区的渍害风险描述为:

无渍害区:占监利市农田面积的 2.7%,主要在地势高的地方,很少受到渍害的影响。

轻度渍害区:占监利市农田面积的 55.7%,受渍害的概率为 4～5 a 一遇,主要集中在降水多的年份。

中度渍害区:占监利市农田面积的 26.5%,基本上每年都会受到渍害的影响,只是降水较少的年份相对轻一点,而降水较多的年份受渍严重,对夏收作物产量影响大。

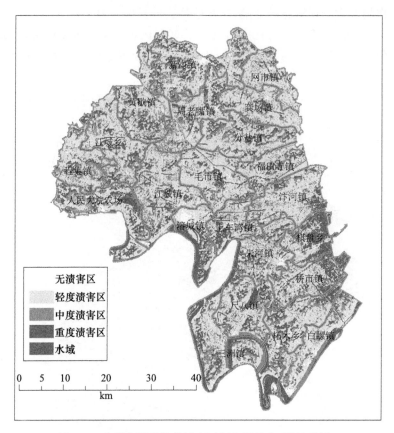

图 4.4　监利市夏收作物渍害区划空间分布(另见彩图)

重度渍害区:占监利市农田面积的 15.1%,无论每年的降水如何变化,每年都会受到渍害的影响,主要集中在地势比较低处和汇水区。

各乡镇四个分区的面积及百分比见表 4.2。

表 4.2　监利市各乡镇各级别渍害区面积与百分比

| 乡镇 | 面积/km² | | | | | | 百分比/% | | | | |
|---|---|---|---|---|---|---|---|---|---|---|---|
| | 无 | 轻度 | 中度 | 重度 | 水域 | 总和 | 无 | 轻度 | 中度 | 重度 | 水域 |
| 白螺镇 | 6.5 | 71.0 | 36.2 | 11.8 | 25.6 | 151.0 | 4.3 | 47.0 | 23.9 | 7.8 | 16.9 |
| 汴河镇 | 2.7 | 87.1 | 25.7 | 9.4 | 22.3 | 147.2 | 1.8 | 59.2 | 17.5 | 6.4 | 15.2 |
| 程集镇 | 1.8 | 69.0 | 35.7 | 13.8 | 2.3 | 122.7 | 1.5 | 56.3 | 29.1 | 11.3 | 1.9 |
| 尺八镇 | 2.7 | 71.7 | 33.5 | 20.5 | 16.5 | 144.9 | 1.9 | 49.5 | 23.1 | 14.2 | 11.4 |
| 分盐镇 | 0.8 | 85.3 | 40.3 | 20.2 | 1.8 | 148.5 | 0.6 | 57.5 | 27.2 | 13.6 | 1.2 |
| 福田寺镇 | 1.6 | 56.8 | 21.9 | 10.6 | 7.8 | 98.6 | 1.6 | 57.6 | 22.2 | 10.7 | 7.9 |
| 龚场镇 | 1.0 | 70.8 | 26.5 | 9.6 | 2.2 | 110.1 | 0.9 | 64.3 | 24.1 | 8.7 | 2.0 |

续表

| | 面积/km² | | | | | | 百分比/% | | | | |
|---|---|---|---|---|---|---|---|---|---|---|---|
| 黄歇镇 | 1.4 | 83.1 | 46.4 | 20.1 | 4.3 | 155.2 | 0.9 | 53.6 | 29.9 | 12.9 | 2.7 |
| 江城乡 | 1.6 | 91.5 | 42.1 | 19.8 | 3.8 | 158.8 | 1.0 | 57.6 | 26.5 | 12.4 | 2.4 |
| 江城镇 | 3.4 | 107.9 | 48.3 | 24.5 | 7.3 | 191.5 | 1.8 | 56.4 | 25.2 | 12.8 | 3.8 |
| 毛市镇 | 2.7 | 93.1 | 28.7 | 13.0 | 8.1 | 145.6 | 1.9 | 63.9 | 19.7 | 8.9 | 5.6 |
| 棋盘乡 | 3.0 | 29.0 | 6.6 | 5.6 | 50.3 | 94.5 | 3.2 | 30.7 | 7.0 | 5.9 | 53.3 |
| 桥市镇 | 2.4 | 55.2 | 21.1 | 15.3 | 29.9 | 123.9 | 2.0 | 44.5 | 17.0 | 12.4 | 24.2 |
| 大垸农场 | 3.9 | 73.4 | 42.5 | 34.3 | 11.8 | 166.0 | 2.3 | 44.3 | 25.6 | 20.7 | 7.1 |
| 溶城镇 | 9.2 | 33.4 | 13.9 | 17.5 | 21.3 | 95.3 | 9.7 | 35.1 | 14.6 | 18.3 | 22.3 |
| 三洲镇 | 4.2 | 75.4 | 48.1 | 22.9 | 38.6 | 189.2 | 2.2 | 39.8 | 25.4 | 12.1 | 20.4 |
| 上车湾镇 | 2.4 | 41.7 | 20.1 | 16.3 | 6.9 | 87.5 | 2.8 | 47.7 | 23.0 | 18.6 | 7.9 |
| 网市镇 | 1.1 | 58.9 | 22.0 | 8.3 | 2.0 | 92.5 | 1.2 | 63.8 | 23.8 | 9.0 | 2.2 |
| 新沟镇 | 5.9 | 111.3 | 55.8 | 34.1 | 4.8 | 211.8 | 2.8 | 52.5 | 26.3 | 16.1 | 2.3 |
| 柘木乡 | 5.6 | 82.6 | 34.8 | 27.4 | 32.8 | 183.2 | 3.0 | 45.1 | 19.0 | 15.0 | 17.9 |
| 周老嘴镇 | 1.6 | 80.9 | 40.2 | 21.4 | 2.9 | 146.9 | 1.1 | 55.0 | 27.4 | 14.5 | 2.0 |
| 朱河 | 5.0 | 64.4 | 29.2 | 17.1 | 9.4 | 125.1 | 4.0 | 51.5 | 23.3 | 13.7 | 7.5 |

## 4.1.5　影响夏收作物渍害分区的要素分析

影响夏收作物渍害的因素主要有大气降水、土壤物理属性、地下水位、地形、排灌条件、耕作制度以及农作物抗渍能力等,其中主要是地形的影响。根据监利市地形情况,将监利市分成 3 个区域:东部低洼区、中间过渡带、西部高地区,然后将各区划内的高程取均值(表 4.3)。可以看出,4 种渍害区有明显的差异,其中重度渍害区高程最低,依次为中度、轻重和无渍害区,但因为是综合影响的结果,高程低的地方,如果河网密度大,也不是重度渍害区。

表 4.3　各渍害区内高程的差异　　　　　　单位:m

| 位置 | 区域高程均值 | 无 | 轻度 | 中度 | 重度 |
|---|---|---|---|---|---|
| 东部低洼区 | 24.4 | 24.8 | 24.7 | 24.5 | 23.7 |
| 中间过渡带 | 27.2 | 28.4 | 27.4 | 26.9 | 26.4 |
| 西部高地区 | 31.4 | 32.4 | 31.9 | 31 | 30.4 |

对渍害的区划通常采用气候要素这单一因子的空间分布来确定,没有考虑地形、农作物类型、土壤类型、水文要素。本研究采用 DHSVM 模型,运用土壤体积含水量实测数据,通过 Nash-Stucliffe 效率系数进行调参,高精度(空间分辨率为 90 m)

地模拟了监利市农田土壤体积含水量的时空分布,并与其他时段观测值进行比较分析,发现其精度符合模拟渍害空间分布的要求。通过对 1970—2014 年 45 a 逐日土壤体积含水量的空间分布的模拟数据,结合夏收作物渍害辨别指标,以受渍害比率均值为区划特征值指标,首次对监利市渍害危害情况进行了区划。由于区划方法建立在模型基础上,综合考虑了所有影响渍害的要素,因此对监利市农田改造和水利建设有很强的指导意义。同时由于 DHSVM 模型输入的参数少(高程、土壤类型、土地利用现状和气象数据),有可靠的理论推导,不失为渍害区划有利工具,为渍害的区划提供了一个新的方法。

由于模型很多参数采用国外的一些成果,通过调参而来,而且调参时只用了土壤体积含水量一种指标作为评判模型调参效果优劣的指标,没有使用综合结果(如径流、地下水位等)进行评判,可能其结果与实际会有误差。因此,未来应考虑如何收集其他实际资料,结合监利市实测的模型参数,以进一步提高模型精度。

运用 DHSVM 模型,结合夏收作物渍害辨别指标,很容易分析一个流域渍害发生的日期、持续的时间,可以进行渍害预测与预警,也可以分析渍害发生时、持续期和结束日期的降水统计特征,准确提出不同地方渍害预报的降水指标,是下一步工作的重要方向。

由于监利市为人工干扰严重的地区,运用高程直接提取河网的方法会与实际差异很大,可采用流路强化方法(Lan et al.,2006)对高程进行处理,然后将处理后的高程代入 DHSVM 模型中的河网提取程序中进行河网提取,其河网提取的结果与实际相符,是处理人工干扰严重的地区提取河网的好方法。

### 4.1.6 长江中下游五省(湖南省、湖北省、江西省、安徽省、江苏省)农作物渍害风险评估与区划

采用同样的方法,选择整个长江流域及附近 178 个国际交换站气象站点 1981—2014 年气温、空气湿度、风速、总辐射(运用日照时数计算而来)和日降水量等气象观测资料,土壤类型数据来自于南京市土壤研究所,模拟 1981—2014 年长江中下游地区土壤水分含量。

结合长期对长江中下游渍害研究经验,涝渍害区划参数有 2 个:一个是 3—4 月连续 5 d 土壤根层体积相对含水量大于 90% 出现的概率(出现次数/时长),另一个是同期地下水位埋深,判别的标准是:

(1)无渍害区:地下水位埋深高于 1 m,连续 5 d 土壤根层体积相对含水量大于 90% 的概率小于 20%。

(2)渍害区:地下水位埋深小于 1 m,连续 5 d 土壤根层体积相对含水量大于 90% 的概率在 20%～60%。

(3)严重渍害区:地下水位埋深小于 1 m,连续 5 d 土壤根层体积相对含水量大

于 90%的概率大于 60%。

得到长江中下游五省(湖南省、湖北省、江西省、安徽省、江苏省)区划图(图 4.5)。

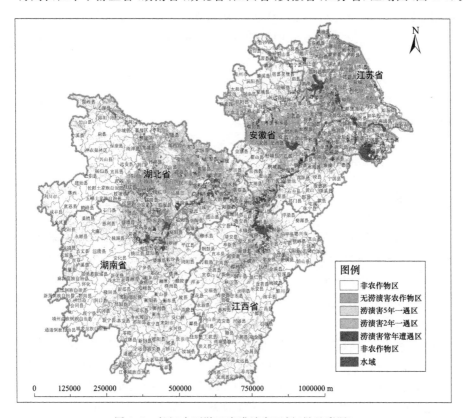

图 4.5   长江中下游五省涝渍害区划(另见彩图)

## 4.2   基于受渍指数的长江中下游小麦渍害风险评估

4.1 节利用分布式土壤植被水文模型,以 1 d 为步长模拟夏收作物生长季土壤表层水分的空间分布,结合夏收作物渍害水分指标(根层相对体积含水率持续 5 d 高于 90%,认定受到渍害影响),对监利市各区域受渍害情况进行了风险评估。这种方法尽管考虑的致灾因子全面,但没有考虑农作物的耐渍性变化特点与规律,其评估结果待进一步验证。解决孕灾环境因子不周全的最好方法是农作物渍害评估模型中用土壤水分数据为分析对象,因为农作物渍害的所有孕灾环境因子都是通过土壤水分影响根系实现的,而且近几十年来,微波主被动遥感的土壤水分监测技术,已从地面理论试验阶段经算法研究、星载验证阶段,走向全球的土壤水分的业务化监测阶段(刘家宏 等,2010;杨涛 等,2010),为农作物渍害大范围实时监测与评估提供了基础数据,SMAP(soil moisture active passive)土壤表层含水量数据便是其中产品之一(Mladenova et al.,2020)。同时要考虑农作物的耐渍性,农作物不同生育期,其根系对土壤渍害(低氧胁迫或者无氧胁迫)反应是有差异的。

本节以小麦受渍严重的长江中下游地区为研究对象,运用 SMAP 土壤水分产品数据,尝试将 APSIM(agricultural production systems simulator)模型和 SWAG-MAN Destiny 模型中计算土壤低氧胁迫对根系生长的影响因子作为渍害指数(Asseng et al.,1997),来量化该地小麦受渍害程度,再用受渍率来对长江中下游地区进行渍害的风险评估。

### 4.2.1 资料来源及处理

SMAP 土壤表层含水量产品数据:数据来源于 NASA(national aeronautics and space administration)网站(https://gimms.gsfc.nasa.gov/SMOS/SMAP/),SMAP(O'neill et al.,2016)。卫星于 2015 年由 NASA 发射,其中 L 波段雷达采集和辐射计提供 3 d 时间分辨率、10 km 的空间分辨、全球土壤表层 5 cm 的土壤含水量产品数据,是目前在轨最新的土壤含水量监测卫星。其土壤水分用土壤水分储存量(最大值为 25.1 mm)来表达。将每年整个小麦生长季(前 1 年 12 月 1 日—当年 5 月 20日)每 3 d 的土壤表层含水量数据分别在 ENVI 软件中打开,按照五省(湖北省、安徽省、江苏省、湖南省、江西省)1:400 万矢量边界地图进行裁剪,并将土壤含水量由土壤水分储存量转换成土壤体积含水量,采用 Layer Stacking 功能,将整个小麦生长季每 3 d 的土壤体积含水量栅格数据按 BSQ(band se quential)格式压缩成一个多波段栅格数据,其波长设为距上年 11 月 30 日的天数。最后形成 2016—2022 年共 7 个多波段的、长江中下游五省的、土壤表层的土壤体积含水量栅格数据(空间分辨率为10 km)。

长江中下游 5 省土壤容重数据:从网址(http://webarchive.iiasa.ac.at/Research/LUC/External-World-soil-database/HTML/)下载来自第二次全国土地调查南京市土壤研究所提供的 1:100 万土壤数据,并将类型转换成 T_USDA_TEX:Real (USDA 土壤质地分类)类型,每种土壤类型对应的土壤容重数据见表 4.4(邵明安 等,2010)。

表 4.4 不同土壤类型的干土容重、田间持水量

| 土壤类型 | 干土容重/(g/cm³) | 田间持水量/(m³/m³) |
| --- | --- | --- |
| 砂土 | 1.60 | 8.0 |
| 壤砂土 | 1.55 | 12.4 |
| 砂壤土 | 1.50 | 21.0 |
| 壤土 | 1.40 | 25.2 |

续表

| 土壤类型 | 干土容重/(g/cm³) | 田间持水量/(m³/m³) |
|---|---|---|
| 黏壤土 | 1.30 | 39.0 |
| 黏土 | 1.20 | 48.0 |

小麦产量数据：来自湖北省农村统计年鉴（2017—2020 年），采用灰色系统 GM (1,1)模型对产量序列逐步滑动分段，计算趋势产量和气象产量（汤志成 等，1996）。

## 4.2.2　小麦受渍指数计算

目前很少有农作物生长模拟模型考虑渍害对农作物产量影响（Shaw et al.，2013），只有 3 个模型考虑了农作物应对渍害的反应，分别是 DRAINMOD 模型（Skaggs，2008）、APSIM（agricultural production systems simulator）模型（Asseng et al.，1998）和 SWAGMAN Destiny（salt water and groundwater management destiny）模型（Meyer，1998），APSIM 模型和 SWAGMANDestiny 模型是通过土壤含水量计算低氧胁迫对根系生长的影响来定量分析渍害影响（Asseng et al.，1997）。此外，Lizaso 等（1997）也曾尝试过将低氧或无氧胁迫因子引入 CERES(crop environment resource synthesis)-Wheat 模型中，效果良好。在此将 APSIM 模型中计算低氧对根系总影响的特征量（无量纲参数）当成小麦受渍日指数，小麦受渍日指数计算过程如下。

**（1）低氧对根系影响的特征量（Aerf）**

用土壤体积含水量，结合土壤类型来表达低氧对根系的影响，此特征值为无量纲单位，介于 0～1，越接近于 1，表示土壤孔隙中水分少，$O_2$ 越多；越接近 0，则表示土壤孔隙中 $O_2$ 越少，具体计算公式为：

土壤孔隙水含量（$SFPS_{crit}$）计算公式为：

$$SFPS_{crit} = \frac{SW}{1 - \frac{BD}{Dens_{soil}}} \tag{4.4}$$

式中 $SW$ 为土壤体积含水量（m³/m³）；$BD$ 为干土容重（g/cm³）；$Dens_{soil}$ 为土壤密度（g/cm³），一般土壤的密度多在 2.6～2.8 g/cm³ 范围内，这里取 2.7 g/cm³。

$$Fact_{la} = \begin{cases} 1 - \dfrac{SFPS_{crit} - WFPS_{crit}}{1 - WFPS_{crit}} & SFPS_{crit} \geqslant WFPS_{crit} \\ 0 & SFPS_{crit} < WFPS_{crit} \end{cases} \tag{4.5}$$

式中 $WFPS_{crit}$ 为临界土壤孔隙水含量，取值 0.65。

**（2）受渍天数（$D_{time}$）**

由于根系对渍害反应的滞后性，设定 3 d 以后渍害才对农作物根系产生影响，60 d 后影响不变，因此受渍天数计算公式为：

$$D_{\text{time}} = \begin{cases} D_{\text{time}} - AD_{\text{time}} & D_{\text{time}} \leqslant 60 \\ 60 & D_{\text{time}} \leqslant 60 \end{cases} \tag{4.6}$$

式中 $AD_{\text{time}}$ 为滞后天数,缺省为 3 d,$D_{\text{time}}$ 为当土壤孔隙水含量超过临界土壤孔隙水含量(0.65)时,累积 1 d,否则清零。

**(3)低氧对根系日影响函数(Laf)**

低氧对根系总影响函数是综合考虑了土壤水分、受渍天数、农作物耐渍性的影响,Laf 值介于 0~1 的特征因子,其计算公式为:

$$\text{Laf} = 1 - \left[ (1 - \text{Aerf})^{D_{\text{tine}}^{0.167}} \right] \times \text{Coef} \tag{4.7}$$

式中 Coef 为介于 0~1 的农作物品种耐渍系数(缺省为 1)。

此特征值为无量纲单位,介于 0~1,越接近于 1,表示低氧胁迫对根系影响越大,越接近 0,则表示根系没有受到低氧胁迫的影响。

**(4)整个生育期受渍指数 WI(waterlogging index)计算**

将小麦整个生育期内每天的日影响函数取平均,得到整个生育期受渍指数

$$WI = \sum_{i=1}^{n} \text{Coef}_i \times \text{Laf} \tag{4.8}$$

式中 $\text{Coef}_i$ 为不同时间小麦对渍害的耐渍系数,介于 0~1,一般越冬期渍害影响不大,$\text{Coef}$ 值小,营养生长期变大,而生育生长期最大,呈"S"型曲线(图 4.6),因此用 sigmoid 函数模拟,公式如下:

$$\text{Coef}_i = \frac{1}{1 + e^{(-0.06 \times i + 5.0)}} \tag{4.9}$$

式中 $i$ 为距上年 11 月 30 日天数。

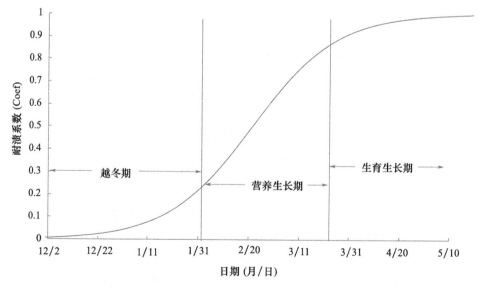

图 4.6 小麦整个生育期内渍害的耐渍系数(Coef)的值

### 4.2.3　长江中下游地区小麦受渍指数时空分布特征

使用处理过的 2016—2022 年长江中下游五省的土壤表层的土壤体积含水量 SMAP 栅格数据,每个栅格点运用小麦受渍指数计算公式,计算得出 2016—2022 年长江中下游地区小麦受渍指数(无量纲单位)空间分布数据(图 4.7)。

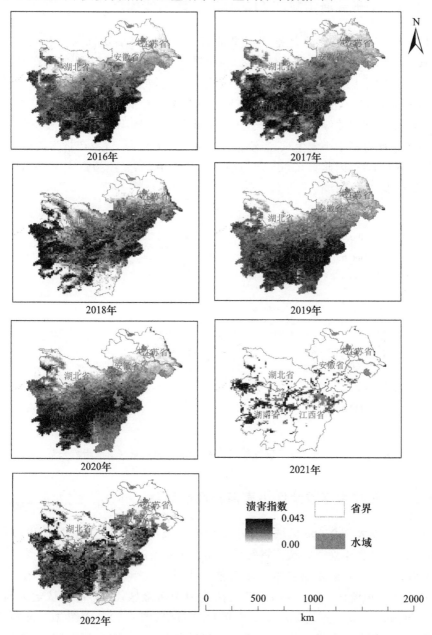

图 4.7　2016—2022 年长江中下游地区小麦受渍指数空间分布

由图 4.7 可知:从空间分布特点上看,小麦受渍指数南北差异很大,东西差异很小,湖北省、安徽省、江苏省北部小麦受渍指数为 0,而湖南省、江西省大部分地方小麦受渍指数比较高;从年份上看,7 a 中 2019 年整个区域小麦受渍指数比较大,其次是 2016 年、2017 年,而 2021 年整个区域小麦受渍指数则很小,整个区域基本上为 0。

### 4.2.4　基于受渍指数($WI$)的小麦受渍阈值确定

计算 2017—2020 年湖北省江汉平原各县(市、区)小麦气象产量,同时采用 ARCGIS 中统计方法,获取各县(市、区)当年受渍指数的均值,得到气象产量与受渍指数关系图(图 4.8)。由图可知,气象产量与受渍指数呈负相关关系(复相关系数为 0.65,样本为 $n=13$),受渍指数越高,该地方气象产量越低。运用线性回归模型分析两者关系,发现回归曲线与 $X$ 轴交于 0.005,即渍害指数小于 0.005,表示气象产量为正,气象条件有利于小麦生长;当渍害指数大于 0.005 时,气象产量为负值,表示气象不利于小麦生长,因此将 0.005 定为小麦受渍阈值,当受渍指数大于 0.005 时,小麦生长受到渍害影响。

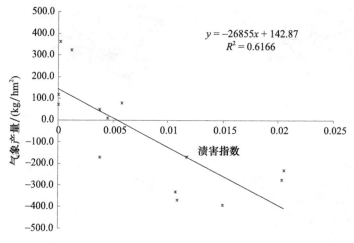

图 4.8　湖北省江汉平原各县(市、区)小麦气象产量与受渍指数关系

### 4.2.5　长江中下游地区小麦渍害风险评估

将受渍指数大于 0.005 区域看成小麦受渍区域,以此来计算 2016—2022 年 7 a 长江中下游地区每年受渍区域。将每个栅格 7 a 发生渍害的百分率看成受灾率,当受灾率小于 10%,则认定为基本上不可能发生渍害(无渍害区),受灾率在 10%～25%,认定为低风险区,25%～75% 区间认定为中风险区,大于 75% 认定为高风险区,最终得到长江中下游地区小麦渍害风险分布图(图 4.9)。由图 4.9 可知:湖北省、安徽省、江苏省小麦发生渍害地区主要集中长江沿线,即各省南部,主要以中风

险区为主风险区;湖南省、江西省小麦发生渍害高风险区主要集中在各省的中部,两省几乎所有区域都在中风险区域范围内。长江中下游地区全域无渍害面积占28.1%,低风险区占8.9%,中风险区占34.4%,高风险区占28.6%。

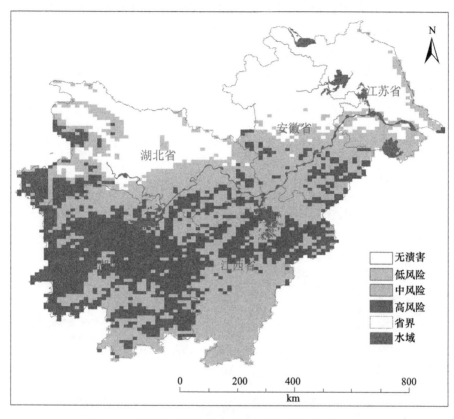

图 4.9　长江中下游地区小麦渍害风险评估(另见彩图)

## 4.2.6　长江中下游地区降水与小麦渍害风险区关系

计算长江中下游地区内各气象站 1971—2022 年每年小麦整个生长季(上年 12月 1 日—当年 5 月 31 日)降雨总量的均值,采用地统计方法进行空间插值,最后得到长江中下游地区降雨总量等值线图,与小麦渍害风险评估图进行叠加,得到图 4.10。由图 4.10 可知,当整个生育期总降水量小于 500 mm 的区域,基本上不会发生渍害,而高风险区降雨总量都大于 600 mm,说明降水是影响小麦渍害的首要因子。

吴洪颜等(2016)选取能较好反映冬小麦渍害特征的降雨量、日照和农作物需水量构建湿渍害气象判别指数,提出了基于减产频率和产量灾损风险强度的风险评估模型,并依据风险值大小对湖北省、安徽省、江苏省进行分区,其分布图与本分区图除阜阳市和六安市有明显差异外,其他地区基本一致。造成这一差异主要原因是前者只考虑气象条件,没有考虑地形对渍害的影响,而阜阳市和六安市属大别山脉,山脚部分农田有可能出现渍害,但大范围渍害出现的概率比较低。欧阳萍等(2008)在对全国渍害田现状调查的基础上,利用GIS(地理信息系统)的统计方法,对全国不同类型渍害田分布进行了提取,其潜渍型渍害田、涝渍型渍害田空间分布与本分区图高风险区基本一致,说明长江中下游地区渍害主要由降水量大、高地下水位引起的,同时也证明了本分区结果是准确的。

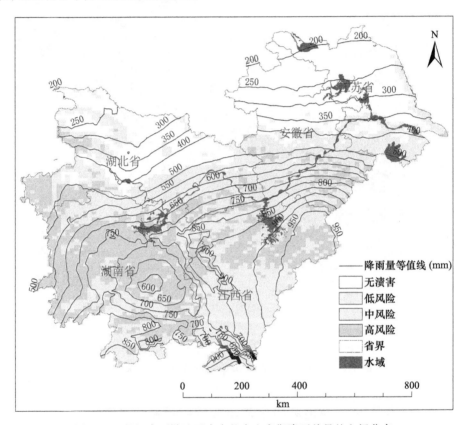

图 4.10　长江中下游地区小麦整个生育期降雨总量的空间分布

相比以前简单用高土壤水分或者高地下水位埋深的持续期作为特征值来衡量小麦受渍程度,本章将土壤低氧对根系日影响特征函数作为指标,量化小麦对渍害的反应,同时考虑不同生育期内小麦耐渍性差异,最后构建的小麦整个生育期受渍指数模型,会更为先进和科学。

尽管 SMAP 是目前最好的土壤水分产品数据(陈勇强 等,2020),但 10 km 的空间分辨率严重制约了其应用,如何采用降尺方法提高产品的空间分辨率,让高精度风险评估数据服务于农业生产是未来小麦渍害风险评估研究发展方向之一。

本章提出了以整个生育期受渍指数代表小麦受渍程度的特征模型,综合考虑了土壤低氧对根系影响和不同生育期内小麦耐渍性差异,并将受渍指数大于 0.005 代表长江中下游地区受渍区域,通过 2016—2022 年受渍情况计算每个栅格点的受渍率,最终评估了长江中下游地区小麦渍害风险。

# 参考文献

陈继元,1989. 渍害低产田判别标准的定量分析[J]. 农田水利与小水电(4):13-15.

陈勇强,杨娜,胡新,等,2020.SMOS 与 SMAP 过境时段表层土壤水分的稳定性研究[J]. 遥感技术与应用,35(1):58-64.

郝振纯,梁之豪,梁丽乔,等,2012.DHSVM 模型在宝库河流域的径流模拟适用性分析[J]. 水电能源科学(30):119-129.

康丽莉,王守荣,顾骏强,2008. 分布式水文模型 DHSVM 对兰江流域径流变化的模拟试验[J].热带气象学报,24(2):176-182.

刘家宏,秦大庸,李海红,等,2010. 强人类活动平原地区河网提取中的流路强化方法[J].8(2):128-132.

刘可群,陈正洪,梁益同,等,2008. 日太阳总辐射推算模型[J]. 中国农业气象,29(1):16-19.

欧阳萍,王修贵,姚宛艳,2008. 基于 GIS 的我国渍害田治理分区及排水控制深度研究[J]. 灌溉排水学报,27(6):787-792.

邵明安,王全九,黄明斌,2010. 土壤物理学[M]. 北京:高等教育出版社.

盛绍学,石磊,张玉龙,2009. 江淮地区冬小麦渍害指标与风险评估模型研究[J]. 中国农学通报,25(19):263-268.

汤志成,高苹,1996. 作物作物产量预报系统[J]. 中国农业气象,17(2):49-52.

王守荣,黄荣辉,丁一汇,2002 分布式水文—土壤—植被模式的改进及气候水文 off-line 模拟试验[J]. 气象学报,60(3):290-300.

吴洪颜,曹璐,李娟,等,2016. 长江中下游冬小麦春季湿渍害灾损风险评估[J]. 长江流域资源与环境,25(8):1279-1284.

吴洪颜,高苹,徐为根,等,2012. 江苏省冬小麦湿渍害的风险区划[J]生态学报,32(6):1871-1879.

吴华山,陈效民,叶民标,等,2006. 太湖地区主要水稻土的饱和导水率及其影响因素研究[J]. 灌溉排水学报,25(2):46-48.

熊勤学,黄敬峰,2009. 利用 NDVI 指数时序特征监测秋收作物农作物种植面积[J]. 农业工程学报,5(1):144-148.

熊勤学,胡佩敏,2014. 基于 HJ 卫星混合像元分解法的湖北省四湖地区夏收作物作物种植信息提取[J]. 长江流域资源与环境,23(6):869-874.

杨涛,宫辉力,李小娟,等,2010. 土壤水分遥感监测研究进展[J]. 生态学报,30(22):6264-6277.

喻光明,1993. 江汉平原渍害田生态特征的研究[J]. 生态学报,13(3):252-260.

AJAY S,2012. Validation of SaltMod for a semi-arid part of northwest India and some options for control of water-logging[J]. Agricultural Water Management,115(115):194-202.

AJAY S,2013. Groundwater modeling for the assessment of water management alternatives[J]. Journal of Hydrology,481:220-229.

ASSENG S,KEATING B A,FILLERY I P R,et al,1998. Performance of the APSIM-wheat module in Western Australia [J]. Field Crops Res,57:163-179.

ASSENG S,KEATING B A,HUTH N I,et al,1997. Simulation of perched watertables in a duplex soil. Proceedings of the International Congress on Modelling and Simulation. Hobart,Tasmania: 538-543.

BAND L E,1986. Topographic partition of watersheds with digital elevation models[J]. Water Resources Research(2):15-24.

CHOWDARY VM,CHANDRAN R,VINU,et al,2008. Assessment of surface and sub-surface waterlogged areas in irrigation command areas of Bihar state using remote sensing and GIS [J]. Agricultural Water Management,95(7):754-766.

GROUNDWATER C,2010. Groundwater Atlas of Rohtak District[M]. Department of Agriculture, Rohtak,Haryana,India.

LAN C,THOMAS W,GIAMBELLUCA,et al,2006. Use of the distributed hydrology soil vegetation model to study road effects on hydrological processes in Pang Khum Experimental Watershed,northern Thailand [J]. Forest Ecology and Management.

LEUNG L R,WIGMOSTA M S,GHAN S J,et al,1996. Application of a subgrid orograph precipitation/surface hydrology scheme to a mountain wateeshed[J]. Journal of Geophysical Research, 101(D8):12803-12817.

LIZASO J L,RITCHIE J T,1997. A modified version of CERES to predict the impact of soil water excess on maize crop growth and development. Applications of Systems Approaches at the Field Level:153-167.

LUZ A C,JAVIER T,ANTONIO DONATO NOBRE,et al,2012. Distributed hydrological modeling of a micro-scale rainforest watershed in Amazonia:Model evaluation and advances in calibration using the new HAND terrain model. ate University,Water ResourcePublications,LLC.

MEYER W S,GODWIN D C,WHITE R J G,1998. SWAGMAN Destiny. A tool to predict productivity change due to salinity,waterlogging and irrigation mangement. Proceedings of the 8th Australian Agronomy Conference,Toowomba Qld.

MLADENOVA I E,BOLTEN J D,CROW W,et al,2020. Agricultural drought monitoring via the assimilation of SMAP soil moisture retrievals into a global soil water balance model[J]. Frontiers in Big Data,3(10):1-22.

MOHAMMAD S,ALI F,2012. Hydrologic effect of groundwater development in a small mountainous tropical watershed [J]. Journal of Hydrology:428-429.

O'NEILL P,CHAN S,YUEH S,et al,2016. Evaluation of the validated soil moisture product from the SMAP radiometer[J]. IEEE Transactions on Geoscience & Remote Sensing,98(5):125-128.

SHAW R E,MEYER W S,A MCNEILL,et al,2013. Waterlogging in Australian agricultural landscapes: A review of plant responses and crop models[J]. Crop Pasture Sci,64:549-562.

SINGH A,PANDA S N,2012a. Integrated Salt and Water Balance Modeling for the Management of Waterlogging and Salinization. I: Validation of SAHYSMOD [J]. Journal of Irrigation and Drainage Engineering,138(11):955-963.

SINGH A,PANDA S N,FLUGEL W A,et al,2012b. Waterlogging and farmland salinization: Causes and remedial measures in an irrigated semi-arid region of India [J]. Irrigation and Drainage, 61(3):357-365.

SKAGGS R W,2008. DRAINMOD: A simulation model for shallow watertable soils. South Carolina Water Resources Conference,Charles Area Event Centre,Charleston,SC. 14-15 Oct,Clemson Univ,Clemson,SC.

WIGMOSTA M S,NIJSSEN B,STORCK P,2002. The distributed hydrological soil vegetation model. Mathematical Models of Small Watershed Hydrological and Applications[A]. In:Sigh V P,Department of Civil and Environment Engineering Louisiana Street.

WIGMOSTA M S,VAILLW,LETTENAMAIER D P,1994. A distributed hydrological vegetation model for complex terrain[J]. Water Resource Research,30(6):1665-1679.

WIGMOSTA M S,PERKINS W A,2001. Simulating the effects of forest roads on watershed hydrology,in Influence of Urban and Forest Land Use on the Hydrologic Geomorphic Responses of Watersheds,M S Wigmosta and S J Burges,eds,AG.

# 第5章 气候变化对小麦渍害的影响

随着全球气候变化和人类活动干扰日益加剧,渍害致灾因子、孕灾环境和承灾体状况及其之间的相互关系发生了深刻变化,导致了渍害态势出现了新情况,因此有必要开展气候环境变化条件下的渍害研究。目前气候变化农业气象灾害的影响研究主要集中在暴雨洪涝、干旱、冷害、高温方面(Krausel et al. ,2005;Lan et al. ,2006;Tesfa et al. ,2010;霍治国 等,2017;欧阳萍 等,2008),如黄国如等(2015)利用全球气候模式 CMIP5(coupled model intercomparison project phase 5)模拟发现,在未来时期长江流域强降雨与高潮位遭遇的风险概率呈现上升趋势;徐影等(2014)分析了 RCP8.5(representative concentration pathway)情景下 21 世纪中国洪涝致灾危险性、承灾体易损性以及洪涝灾害风险;贺晋云等(2011)对西南地区极端干旱进行分析发现,近 50 a 来极端干旱发生频率明显增加;陈晓晨等(2015)通过 CMIP5 耦合模式研究表明,在 RCP4.5 情景下,未来中国热浪指数增加 2.6 倍。而渍害应对气候变化响应的研究尚不多见,主要原因是渍害相关资料缺乏。由于渍害农作物表型学特征不明显、受渍表观有明显滞后、渍害判别标准缺乏、常伴随其他气象灾害等原因,农业部门更多地关注洪涝,而无农作物受渍调查资料。本章以湖北省监利市小麦为对象,运用分布式水文模型 DHSVM(distributed hydrology soil vegetation model),结合 1970—2018 年气象观测数据和 CMIP5 四种情景(RCP2.6、RCP4.5、RCP6.0 和 RCP8.5)和 2020—2069 年全球气候模式模拟结果数据,在假设其他条件(高程、土壤类型、土地利用现状)不变情况下,模拟出近 100 a 每天的农田土壤表层(0~30 cm)土壤体积含水量空间分布数据,结合受渍指数,分析 100 a 气候变化对小麦渍害的影响。

## 5.1 受渍指数 SSWI 计算方法

受渍指数 SSWI(sub-surface waterlogging index)。

渍害的判别标准(喻光明,1993;熊勤学,2015):当农田地下水位埋深小于 60 cm,土壤根层相对体积含水量 5 d 滑动均值高于 90% 的持续期大于 5 d,为夏收作物受到轻度渍害;如果持续期大于 12 d 为受到中度渍害;持续期 20 d 以上为受到重度渍害,由此受渍指数计算公式如下:

$$Cdays = Date_{end} - Date_{start} \tag{5.1}$$

式中 Cdays 为渍害持续天数(d);$Date_{start}$ 为起日,即当土壤根层(0~30 cm)含水量日均值首次连续 5 d 滑动平均值大于田间持水量的 90% 时,这 5 d 中第一次出现含水量大于田间持水量的 90% 的日期;$Date_{end}$ 为止日,即土壤根层含水量日均值最后连续 5 d 滑动平均值大于田间持水量的 90% 时,这 5 d 中最后一次出现含水量大于田间持水量的 90% 的日期。

$$SSWI_i = \begin{cases} 1 & (Date_{start} \leqslant i \leqslant Date_{end}) \, and \, (Cdays \geqslant 5) \\ 0 & (i < Date_{start}) \, or \, (i > Date_{end}) \, or \, (Cdays \geqslant 5) \end{cases} \tag{5.2}$$

$$SSWI = \frac{1}{n} \sum_{i=1}^{n} SSWI_i \tag{5.3}$$

式中 $SSWI_i$ 为第 $i$ 天受渍指数。3 月份受渍指数统计时段为每年 3 月 1 日—3 月 31 日,4 月份受渍指数统计时段为每年 4 月 1 日—4 月 30 日,年受渍指数计算时段为统计 3 月 1 日—4 月 30 日(图 5.1)。潮土田间持水量为 0.30 $m^3/m^3$,起日为 4 月 12 日,止日为 4 月 28 日,持续 17 d,4 月份 SSWI 指数为 17/30=0.57。图 5.2 为监利小麦 SSWI 具体计算过程流程。

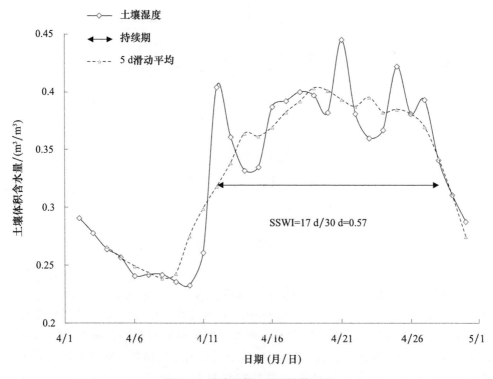

图 5.1　受渍指数 SSWI 计算过程

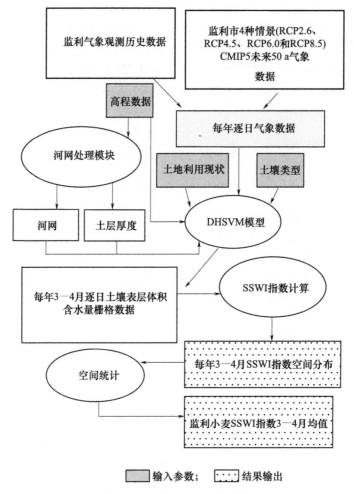

图 5.2　小麦 SSWI 计算流程

# 5.2　气象数据收集与整理

　　DHSVM 模型是美国西雅图华盛顿大学西北太平洋国家实验室于 1994 年研制出的一种分布式水文式水文模型(Wigmosta et al.,1994,2002)。模型中的气象数据包括逐日日平均气温、空气湿度、风速、降水和短波辐射量和长波辐射量。1970—2018 年逐日气象数据来自监利市气象局,其中短波辐射量和长波辐射量数据采用文献(刘可群 等,2008)方法依据日照时数数据计算而来;2020—2069 年 4 种情景(RCP2.6、RCP4.5、RCP6.0 和 RCP8.5)气象数据来自 CMIP5 MIROC5 全球气候模式逐日模拟结果(格式为 day_MIROC5_rcp26_r1i1p1,下载网址为 https://esgfnode. llnl. gov/search/cmip5/,下载完成后,用 IDL 语言读取 NC 格式二维气象要素数据),取第 80 行、第 85 列数据(112°E,31°N)作为监利市气象数据。

## 5.3　DHSVM 模型的其他数据来源

DHSVM 模型在输入土壤类型、土地利用现状、高程模型等栅格 GIS 数据和气象条件、各土壤类型物理参数、各土地利用现状水文参数条件下,可以 0~24 h 为步长模拟一段日期内河流径流、土层厚度、农田土壤湿度、地表径流等时空分布。本章的土壤类型数据来自 1990 年的 1∶12 万监利市土壤类型纸制地图,土壤类型有 4 种,分别为灰潮土、水稻土、黄棕壤土、水体。

DEM(digital elevation model)数据采用美国航空航天局的 SRTM(shuttle radar topography mission)数据,其空间分辨率为 90 m,从互联网上下载而来,地址为 http://srtm. csi. cgiar. org。

土地利用现状数据是运用 2015 年 HJ-1A 和 HJ-B 环境卫星 CCD 数据,采用农作物时序特征提取方法(熊勤学 等,2009,2014;谈广鸣 等,2009)提取的土地利用现状空间分布。农作物分为单季中稻、单季棉花、小麦+棉花、油菜+棉花、小麦+中稻、油菜+中稻、双季稻等,其精度及结果分析见文献(熊勤学 等,2009;zhang et al. ,2018)。

运用 DHSVM 模型最后模拟出空间分辨率为 90 m 的监利市逐日土壤表层体积含水量栅格数据。

## 5.4　模型调参与验证

模型调参采用 Nash-Stucliffe 效率系数(NSE)(Krausel et al. ,2005):

$$\text{NSE} = 1 - \frac{\sum_{i=1}^{n}(M_{\text{obs},i} - M_{\text{sim},i})}{\sum_{i=1}^{n}(M_{\text{obs},i} - \overline{M_{\text{obj}}})} \tag{5.4}$$

式中 $M_{\text{obs},i}$ 为实测的土壤体积含水量;$M_{\text{obs}}$ 为实测土壤体积含水量均值;$M_{\text{sim},i}$ 为模拟的土壤体积含水量。$NSE$ 值介于 0~1,越接近 1,表示模拟选取的参数越接近真实值,不断调整修正系数,最后选取 NSE 最大的参数为模型参数。

为验证模型正确性,在监利市程集镇实验田(112.71°E, 29.94°N)架设的 HO-BO 15 要素自动气象站(同时观测土壤表层体积含水量),15 min 观测 1 次。观测日期为 2013 年 1 月 1 日—2015 年 12 月 31 日。采用均方根误差 RMSE(root mean square error)衡量模型拟合结果。

$$RSME = \sqrt{\sum_{i=1}^{n} (M_{obs,i} - M_{sim,i})^2 / n} \qquad (5.5)$$

式中 $n$ 为样本数。RMSE 值越小,表示模型模拟的效果越好。

DHSVM 模型参数(Lan et al.,2006;吴华山 等,2006)中横向水力传导系数、水力传导系数下降指数、土壤孔隙度、田间持水率、最小气孔阻抗比较敏感(Tesfa,2010)。本章选择优化对象为潮土的横向水力传导系数及横向饱和导水率随深度的递减指数,其他土壤类型根据模型缺省值结合潮土参数进行线性放大与缩小。具体调参步骤:分别将潮土的横向水力传导系数在 0~0.2 范围每隔 0.02 取 10 个值,横向饱和导水率随深度的递减指数在 0~10 范围每隔 1 取 10 个值,排列组合后分别代入 DHSVM 模型中,运用 DHSVM 模型模拟的 2013 年 1 月 1—24 日土壤水分数据与同期程集自动气象站每天的观测点(棉田,112.682°E, 29.9012°N,灰潮土)0~30 cm 土层土壤体积含水量均值进行 Nash-Stucliffe 效率系数计算(样本数为 144 个),取其最大值 0.746 时对应的参数作为模型确定参数(表 5.1),其中孔隙大小分布指数是有效饱和度与吸力双对数关系曲线的斜率,数值愈大,表示孔隙尺寸的分布范围愈窄,孔隙愈均匀。

表 5.1　DHSVM 模型中土壤类型主要参数

| 土壤参数 | | 灰潮土 | 水稻土 | 黄棕壤土 | 水体 |
|---|---|---|---|---|---|
| 横向饱和导水率 | | 0.02 | 0.01 | 0.05 | 0.01 |
| 横向饱和导水率随深度的递减指数 | | 1.0 | 0.1 | 1.2 | 2.0 |
| 最大渗透率 | | 3.0 | 1.4 | 2.0 | 1.0 |
| 地表反射率 | | 0.15 | 0.25 | 0.15 | 0.1 |
| 土壤孔隙度 | 上层 | 0.50 | 0.55 | 0.20 | 0.08 |
| | 中层 | 0.48 | 0.53 | 0.22 | 0.08 |
| | 下层 | 0.42 | 0.52 | 0.24 | 0.08 |
| 田间持水率 | 上层 | 0.30 | 0.32 | 0.29 | 0.36 |
| | 中层 | 0.31 | 0.34 | 0.31 | 0.36 |
| | 下层 | 0.32 | 0.36 | 0.32 | 0.36 |
| 凋萎系数 | 上层 | 0.21 | 0.14 | 0.14 | 0.27 |
| | 中层 | 0.21 | 0.14 | 0.14 | 0.27 |
| | 下层 | 0.21 | 0.14 | 0.14 | 0.27 |
| 孔隙大小分布指数 | 上层 | 0.15 | 0.22 | 0.20 | 0.08 |
| | 中层 | 0.13 | 0.25 | 0.22 | 0.08 |
| | 下层 | 0.13 | 0.28 | 0.24 | 0.08 |

续表

| 土壤参数 | | 灰潮土 | 水稻土 | 黄棕壤土 | 水体 |
|---|---|---|---|---|---|
| 土壤泡点压力 | 上层 | 0.35 | 0.22 | 0.11 | 0.37 |
| | 中层 | 0.35 | 0.25 | 0.11 | 0.37 |
| | 下层 | 0.35 | 0.28 | 0.11 | 0.37 |
| 垂直传导率 | 上层 | 1.7 | 2.0 | 1.2 | 1.0 |
| | 中层 | 1.7 | 2.0 | 1.2 | 1.0 |
| | 下层 | 1.7 | 2.0 | 1.2 | 1.0 |
| 土壤体积质量 | 上层 | 1381 | 1160 | 1485 | 1394 |
| | 中层 | 1381 | 1280 | 1485 | 1394 |
| | 下层 | 1381 | 1450 | 1485 | 1394 |
| 土壤热容量 | 上层 | 1.4 | 1.4 | 1.4 | 1.4 |
| | 中层 | 1.4 | 1.4 | 1.4 | 1.4 |
| | 下层 | 1.4 | 1.4 | 1.4 | 1.4 |
| 土壤导热率 | 上层 | 7.11 | 7.11 | 7.11 | 7.11 |
| | 中层 | 6.92 | 6.92 | 6.92 | 6.92 |
| | 下层 | 7.00 | 6.92 | 7.00 | 6.92 |

运用模型模拟 2013 年 1 月 1 日—2015 年 12 月 31 日每天的土壤水分运行情况，将模拟结果中的第 1 层土壤体积含水量值与 0～30 cm 土层土壤体积含水量的均值相关性进行比较（图 5.3），二者之间的决定系数 $R^2$ 为 0.67（样本数为 951 个），RMSE 为 0.035，说明 DHSVM 模型对监利市土壤表层含水量的拟合性较好，模型适应良好。

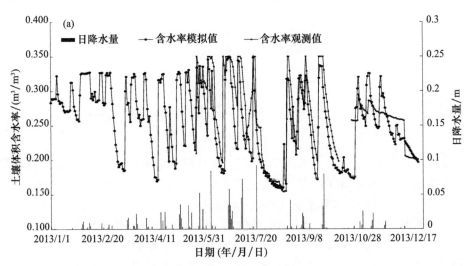

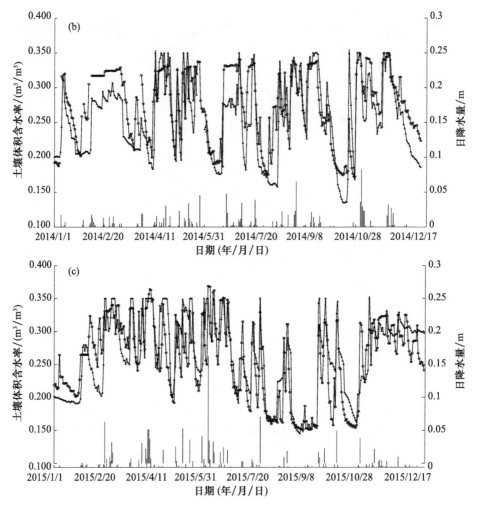

图 5.3　2013 年(a)、2014 年(b)、2015 年(c)降水量、
土壤体积含水量模拟值与观测值时序变化

## 5.5　1970—2069 年气象要素变化特征

　　将 1970—2018 年历史气象数据每年 3—4 月的日总辐射、日平均气温进行平均，日降水量进行累加，并以年代为时段进行平均和方差，得到 5 个年代 3—4 月总辐射日均值、气温日均值、降水总量变化情况(图 5.4)。由图 5.4 可知：监利市日总辐射随年代的增加而增加，从 20 世纪 70 年代的 462.1 W/m² 一直增加到 2010 年代的 483.5 W/m²，而日平均气温 20 世纪 80 年代到 21 世纪是上升的，降水则是 20 世纪 90 年代最大，为 266.4 mm，总的趋势上看，气候变暖非常明显。采用相同方法得到

未来 50 a 4 种情景总辐射日均值、气温日均值、降水总量变化情况（图 5.5）。由图 5.5 可知,在监利市,无论何种情景,总辐射日均值、气温日均值、降水总量都明显高于 1970—2018 年历史气象数据,只是增加的幅度有差异,其中 RCP6.5 情景幅度明显低于其他情景降雨增多导致土壤含水量的增加,而气温和辐射的上升引起农田蒸散的增加,进而使农田土壤含水量的减少,因此全球气候变化对小麦渍害的影响变得十分复杂。

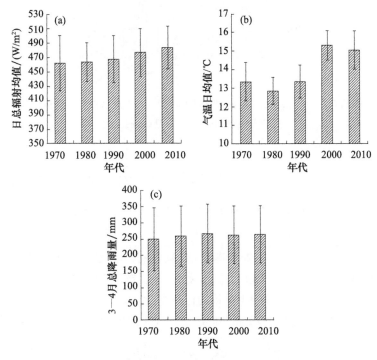

图 5.4　1970—2010 年不同年代 3—4 月总辐射日均值(a)、
气温日均值(b)、降水总量(c)的变化

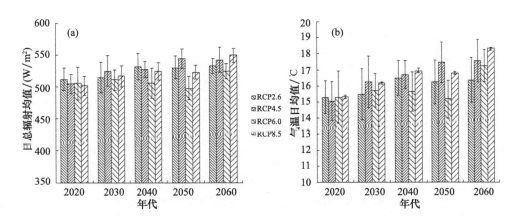

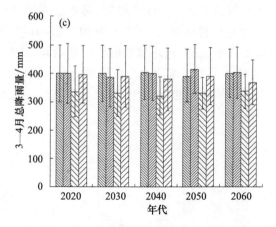

图 5.5  2020—2069 年 4 种情景不同年代 3—4 月总辐射日均值(a)、
气温日均值(b)、降水总量(c)的变化

# 5.6  基于历史气象数据(1970—2018 年)的 小麦 SSWI 指数的变化特征

每年 3—4 月正值小麦拔节期至灌浆期,是监利市小麦受渍害影响的主要时期,因此用 3—4 月 SSWI 指数均值代表小麦受渍害影响程度的特征量。图 5.6 为 1970—2018 年每年 3—4 月 SSWI 指数均值年变化。由图 5.6 可知,SSWI 指数最大是 1981 年,为 0.59,最小为 1979 和 2004 年,SSWI 指数为 0.1。从变化趋势线来看,

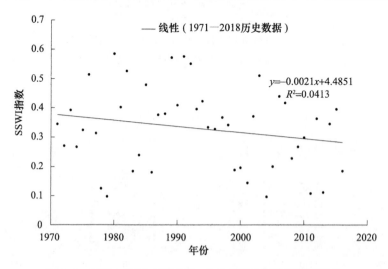

图 5.6  1970—2018 年每年 3—4 月 SSWI 指数均值年变化

3—4 月 SSWI 均值呈下降趋势,每年下降 0.21%。通过计算不同年代 SSWI 指数值
(10 a 3—4 月平均值)(图 5.7)发现,20 世纪 70 年代 SSWI 均值为 0.29、方差为
0.12,20 世纪 80 年代均值为 0.39、方差为 0.14,20 世纪 90 年代均值为 0.39、方差为
0.11,2000—2010 年均值为 0.28、方差为 0.13,2010 年以后均值为 0.26、方差为
0.14,除 20 世纪 70 年代 SSWI 指数偏小外,其他年代 SSWI 指数是逐年降低的。总
的来讲,在过去 50 a 里监利市小麦受渍时间有减少的趋势。

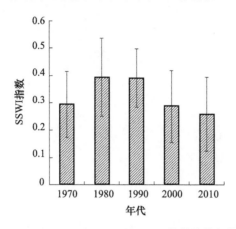

图 5.7   1970—2018 年 3—4 月 SSWI 指数均值年代变化

## 5.7   基于不同情景气象模拟数据(2020—2069 年)支撑下的小麦 SSWI 的变化特征

将 CMIP5 MIROC5 四种情景气候模式的逐日模拟气象数据分别输入 DHSVM
模型中,利用 DHSVM 模型土壤水分结果数据,计算出不同情景下 2020—2069 年
3—4 月 SSWI 指数均值(图 5.8)。由图 5.8 可知 RCP2.6、RCP4.5、RCP6.0 和
RCP8.5 情景中 SSWI 指数的最大值分别为 0.56、0.61、0.71 和 0.64,分别出现在
2027 年、2026 年、2027 年和 2023 年,而最小值分别为 0.07、0.05、0.07 和 0.05,分别
出现在 2050 年、2057 年、2046 年和 2041 年。4 种情景下的 SSWI 指数变化趋势尽
管都是下降,但是存在明显的差异,RCP2.6、RCP6.0 和 RCP8.5 下降的趋势不太明
显,而 RCP4.5 明显下降,而且下降趋势大于 1970—2018 年。另外,无论何种情景
SSWI 指数年际差异变大,2020—2069 年 RCP2.6、RCP4.5、RCP6.0 和 RCP8.5 情
景下 SSWI 指数年际间方差分别为 0.135、0.139、0.132、0.131,明显大于 1970—
2018 年的方差 0.127,说明未来 50 a 里监利市小麦受渍时间有逐年减少的趋势,但
每年受渍时间年际间的差异会越来越大。

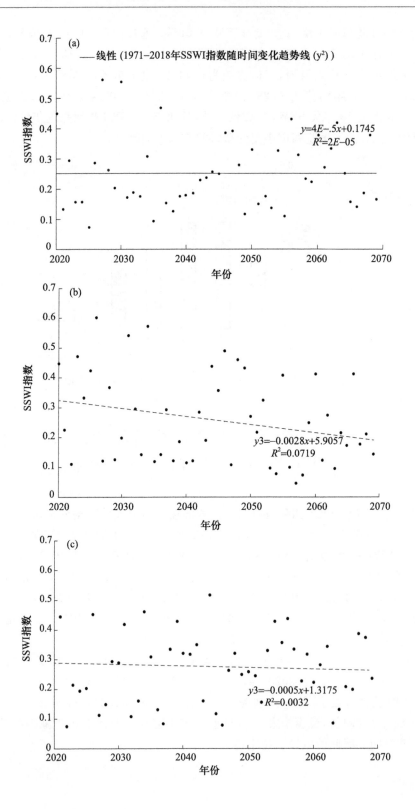

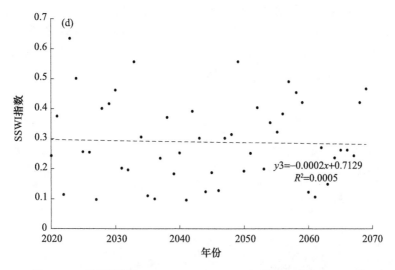

图 5.8　4 种情景(a. RCP2.6；b. RCP4.5；c. RCP6.0；d. RCP8.5)下
2020—2069 年每年 3—4 月 SSWI 指数均值年变化

## 5.8　影响小麦渍害气候变化成因分析

将 1970—2018 年和 4 种情景下 2020—2069 年的 SSWI 值与同年气象要素进行相关分析,结果表明,SSWI 与同期降水呈正相关(相关系数为 0.437),而与气温、总辐射日均值呈负相关(相关系数分别为−0.543 和−0.590),说明降雨量增加会加大渍害的危害程度,但同期辐射量增加、气温升高有利于减少渍害发生。从前面分析可知,从 1970—2069 年每年 3—4 月观测值和预测结果看,总辐射、气温和降水有升高的趋势,高散射和高降水导致尽管渍害有下降趋势,但年际间受渍时间差异会增加。

图 5.9 为近 100 a 不同年代监利市小麦 SSWI 空间分布,尽管不同年代小麦渍害危害程度有差异,但其空间分布的特征基本一致,小麦渍害危害重的地区主要集中在南部的长江沿线的滩涂区域和监利市中西部地势低洼地区。

通过对近 50 a 和 4 种情景(RCP2.6、RCP4.5、RCP6.0 和 RCP8.5)未来 50 a 全球气候模式逐日模拟数据的分布式水文模型模拟结果表明,监利市小麦每年受渍时间有逐年递减的趋势,但受渍时间年际间的差异会越来越大。这一趋势 4 种情景变化规律都一样,其中 RCP4.5 最为明显。此结果与中国《第二次气候变化国家评估报告》显示的"其结果与 1979 年以来中国的变暖速率高于全球平均值,每百年升温 0.9～1.5 ℃。全球变暖会导致水循环出现变异,大气持水能力加强,引起降水时空分布更加不均匀,强降水等极端灾害天气事件出现的频率和强度增加"结论不矛盾。王志福等(2009)运用历史气象数据分析得出,在长江中下游和江南地区气候会变暖,水循环加速,在降水量和降水日数的共同作用下,会发生更频繁的洪涝或干旱事件,农作物受渍频次增加,这一结论与本结论相似。针对渍害这种变化趋势,要科学进行渍害田的改造,建立合理的排灌体系,通过扩宽、加深沟渠,安装排灌设施,确保渍水及时排出。同时加强小麦抗渍品种培育,确保小麦高产稳产。

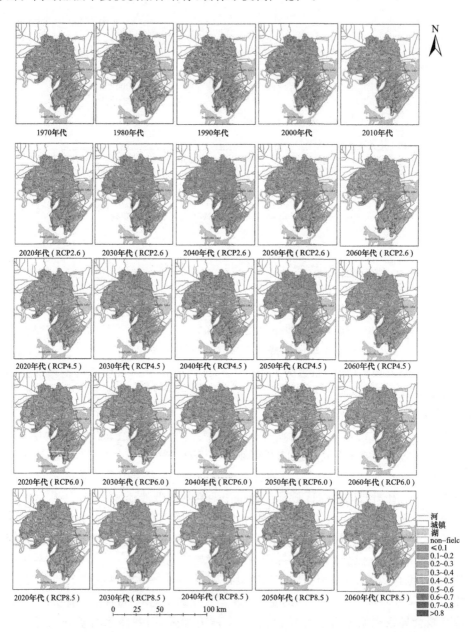

图 5.9　不同年代、4 种情景小麦 3—4 月 SSWI 指数空间分布变化(另见彩图)

RCP2.6、RCP4.5、RCP6.0和RCP8.5情景分别表示到2100年辐射强迫水平2.6 W/m²、4.5 W/m²、6.0 W/m²、8.5 W/m²，其中RCP2.6最为理想。即假设未来10 a，温室气体排放开始下降，到21世纪末，温室气体排放就成为负值。从4种情景未来50 a渍害SSWI指数变化可以看出，SSWI指数变化与全球$CO_2$排放量关系不大，主要原因是监利市属季风型气候，受海洋（夏季）和大陆（冬季）型气候的影响，其3—4月降水量与$CO_2$排放量关系不大导致这一现象。

由于缺乏长期小麦渍害定位观测数据和没有渍害定损规范，国内外对农作物渍害气候变化规律研究几乎没有。本章通过气象历史数据、土壤类型数据、土地利用现状数据和地形数据，运用DHSVM模型，模拟出近100 a农田土壤水分的数据，结合SSWI指数分析出每年小麦渍害受渍时间，首次分析了气候变化条件下的小麦渍害变化规律，为缺乏历史数据的灾害气候分析提出了一种新的方法。

本章的结论只是一个初步的结果，利用气候模式的模拟结果对未来渍害风险进行评估，还存在很多不确定性。首先，表现在全球气候模式的分辨率较粗，与未来真实气候变化存在一定的差别；其次，对于渍害风险评估的方法有很多种，本章只用了SSWI指数，SSWI指数只能反映小麦的受渍时间，不能表达受渍程度和对产量的影响；再次，温室气体排放不仅影响全球气候变化，也会引起农业种植制度、土壤属性变化，人类活动也会发生变化，这些不确定性对小麦渍害的影响还有待进一步研究。

# 参考文献

陈晓晨，徐影，姚遥，2015. 不同升温阈值下中国地区极端气候事件变化预估 [J]. 大气科学，39(6)：1123-1135.

贺晋云，张明军，王鹏，等，2011. 近50年西南地区极端干旱气候变化特征[J]. 地理学报，66(9)：1179-1190.

黄国如，武传号，刘志雨，等，2015. 气候变化情景下北江飞来峡水库极端入库洪水预估[J]. 水科学进展，26(1)：11-17.

霍治国，范雨娴，杨建莹，等，2017. 中国农业洪涝灾害研究进展[J]. 应用气象学报，28(6)：641-653.

刘可群，陈正洪，梁益同，等，2008. 日太阳总辐射推算模型[J]. 中国农业气象，29(1)：16-19.

欧阳萍，王修贵，姚宛艳，2008. 基于GIS的我国渍害田治理分区及排水控制深度研究[J]. 灌溉排水学报，27(6)：787-792.

谈广鸣，胡铁松，2009. 变化环境下的涝渍灾害研究进展[J]. 武汉大学学报（工学版），42(5)：565-571.

王志福，钱永甫，2009. 中国极端降水事件的频数和强度特征[J]. 水科学进展，20(1)：1-9.

吴华山，陈效民，叶民标，等，2006. 太湖地区主要水稻土的饱和导水率及其影响因素研究[J]. 灌溉排水学报，25(2)：46-48.

熊勤学,胡佩敏,2014. 基于 HJ 卫星混合像元分解法的湖北省四湖地区夏收作物农作物种植信息提取[J]. 长江流域资源与环境,23(6):869-874.

熊勤学,黄敬峰,2009. 利用 NDVI 指数时序特征监测秋收作物农作物种植面积[J] 农业工程学报,25(1):144-148.

熊勤学,2015. 基于土壤植被水文模型的县域夏收作物农作物渍害风险评估[J] 农业工程学报,31(21):177-183.

徐影,张冰,周波涛,等,2014. 基于 CMIP5 模式的中国地区未来洪涝灾害风险变化预估[J]. 气候变化研究进展,10(4):268-275.

喻光明,1993. 江汉平原渍害田生态特征的研究[J]. 生态学报,13(3):252-260.

KRAUSE1 P,BOYLE D P,Base F,2005. Comparison of different efficiency criteria for hydrological model assessment [J]. Advances in Geosciences,5:89-97.

LAN C,THOMAS W,2006. Giambelluca, et al. Use of the distributed hydrology soil vegetation model to study road effects on hydrological processes in Pang Khum Experimental Watershed, northern Thailand [J]. Forest Ecology and Management,224(1):81-94.

TESFA T K,2010. Distributed hydrological modeling using soil depth estimated from landscape variable derived with enhanced terrain analysis [D]. Logan:Utah State University:83-84.

WIGMOSTA M S,NIJSSEN B,STORCK P,2002. The distributed hydrological soil vegetation model. Mathematical Models of Small Watershed Hydrological and Applications[A]. in:Sigh V P,Department of Civil and Environment Engineering Louisiana State University,Water Resource Publications,LLC.

WIGMOSTA M S,VAIL L W,LETTENAMAIER D P,1994. A distributed hydrological vegetation model for complex terrain[J]. Water Resource Research,30(6):1665-1679.

ZHANG X H,XIONG Q X,DI L P,et,al,2018. Phenological metrics-based crop classification using HJ-1 CCD images and Landsat 8 imagery[J]. Digital Earth,11(12):219-1240.

# 第6章 小麦渍害预警预报信息与渍害数据库平台系统建设

前几章详细介绍了小麦渍害精细化预警预报方法,可将这些方法用软件形式实现,因此设计了农作物潜在渍害精细化预报预警系统和渍害数据库平台系统2套软件系统(胡佩敏,2016)。

## 6.1 农作物潜在渍害精细化预报预警系统

本书在前人研究基础上,对前期累积降雨指数进行改进,提出了考虑气象条件、地形条件和土壤类型等成灾因子影响的农作物潜在渍害日指数概念,并给出了农作物潜在渍害日指数的计算公式,同时运用 DHSVM 模型,借助天气预报信息,实现长江中下游地区渍害高时空分辨率的预测预警。

渍害预警信息实时发布系统具有如下功能:

(1)能操控渍害监测预警信息系统运行,并将运行后的结果实时送到用户手中。

(2)结果数据要叠加很多辅助 GIS 数据,让用户立刻从结果数据中进行空间定位。

(3)结果数据要具有 GIS 软件操作基本功能(能显示、移动、放大、缩小、查询、打印)。

(4)与长江中下游涝渍害数据库管理平台无缝对接。

为此,渍害监测预警信息实时发布系统的系统分析如下:

(1)采用 B/S(Browser/Server)架构,用户能通过互联网在不同地方通过浏览器进行访问。B/S 架构具有分布性特点,用户可以随时随地进行查询、浏览等业务处理。业务扩展简单方便,通过增加网页即可增加服务器功能。同时维护简单方便,只需要改变网页,即可实现所有用户的同步更新。开发简单,共享性强等优点。与此同时长江中下游涝渍害数据库管理平台也采用 B/S 架构,两者架构相同,可以利用长江中下游涝渍害数据库管理平台的用户管理和日志管理系统,从而实现无缝对接。

(2)在 WEB 服务器上引入 WEBGIS 应用服务器,实现用户 GIS 功能的要求。

(3)采用关系数据库和目录数据库相结合,达到 WEB 快速用户反应的目的,因为渍害监测预警结果数据为栅格数据,大小为 100 MByte 量级,如果放到关系型数据库中,存储速度很慢,系统采用矢量数据保存到关系型数据库中,栅格数据保存到文件目录上的方式,实现多用户数据共享。

### 6.1.1　系统设计方法

软件设计架构如图 6.1:系统关系数据库采用 MYSQL 数据库,它收到气象数据后,系统自动启动 DHSVM 模型,模型运行后,将渍害监测、预测结果栅格数据存放到指定的目录下,系统定时监测该目录文件变化,当发现有新的文件后,将新建的文件通过 REST(Representational State Transfer)方式访问 GEOSERVER 服务器,GEOSERVER 服务器为 WEBGIS 服务,通过操纵 Geoserver-manager 达到软件添加图层的目的,用户可以利用浏览器上的 Open Layer 软件,通过 TOMCAT WEB 服务器访问 GEOSERVER 服务器上的图层,当然新的渍害数据发布前,系统会添加其他公共图层,让用户进行空间定位,同时用户可以通过 Open Layer 软件对图层进行显示、移动、放大、缩小、查询、打印。

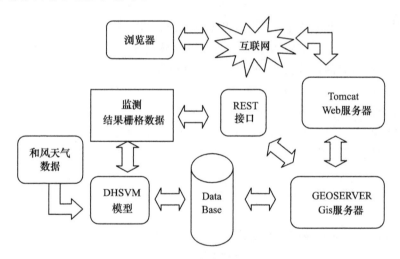

图 6.1　系统软件设计架构

系统采用 JAVA 语言完成,开发平台为 Eclipse。

### 6.1.2　系统操作教程

主界面

**(1)未来 3 d 长江中下游地区(包括湖北省、湖南省、安徽省、江苏省、江西省)潜在渍害的空间分布**

在局域网内任何一台电脑上打开浏览器,输入服务器 IP 地址(服务器本机可输入 http://8.136.243.151:8080/),浏览器会出现如下界面(图 6.2)。

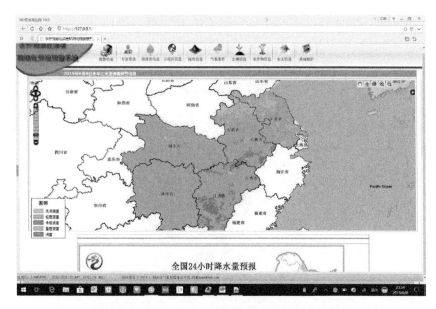

图 6.2　系统主界面——未来 3 d 渍害预报结果图

　　图 6.2 为未来 3 d 长江中下游地区(包括湖北省、湖南省、安徽省、江苏省、江西省)潜在渍害的空间分布,绿色表示没有渍害、黄色表示轻度渍害、红色表示重度渍害或者涝害。

　　界面有拖动、整个显示、打印、放大、缩小等 GIS 基本功能,最小能显示乡村位置,如图 6.3。

图 6.3　系统主界面——未来 3 d 渍害预报结果放大图

打印功能可以将可能渍害的空间分布转成 JPG 格式图片,点击打印按钮,弹出如下窗口(图 6.4)。

图 6.4　系统主界面——未来 3 d 渍害预报结果预览图

选择完打印范围和图像大小后(也可以选择缺省),便可生成一张符合要求的 JPG 图片(图 6.5)。

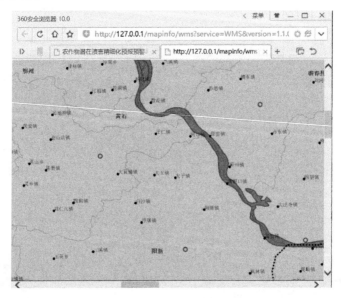

图 6.5　系统主界面——未来 3 d 渍害预报结果打印结果图

**(2)未来三天长江中下游地区(包括湖北省、湖南省、安徽省、江苏省、江西省)天气预报信息**

点击地图上想要了解天气预报信息的地区,该地区未来 3 d 的降水预报信息会以窗口形式弹出,如图 6.6。

图 6.6　系统主界面——未来 3 d 渍害预报结果实时查询图

同时将中国气象局 24 h、48 h、72 h 降水的预报信息呈现在同一页面上,如图 6.7—图 6.9。

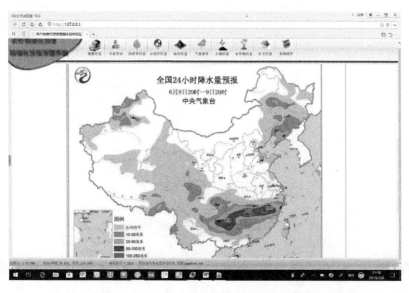

图 6.7　系统主界面——中国气象局推送的 24 h 降水预报图

121

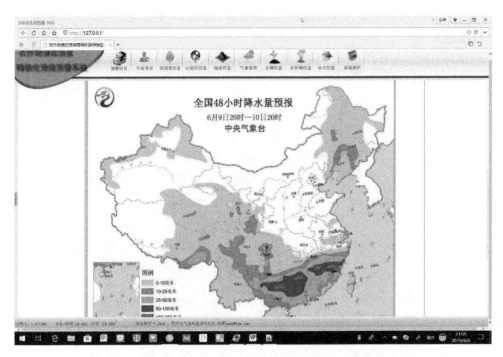

图 6.8　系统主界面——中国气象局推送的 48 h 降水预报图

图 6.9　系统主界面——中国气象局推送的 72 h 降水预报图

**(3) 未来 3 d 长江中下游地区 (包括湖北省、湖南省、安徽省、江苏省、江西省) 渍害防控专家系统**

如果当地农作物受到渍害影响,想了解如何防控,主界面有渍害防控专家系统,只要输入农作物类型、受渍时间,便有如何防控渍害的具体措施,见图 6.10。

图 6.10　渍害防控专家推送的相关防控知识页面

系统登录

登录界面:要求用用户名和密码登录(图 6.11)。

图 6.11　系统登录界面

系统缺省用户名为 admin,密码为 123456,则叮进入系统维护界面。

系统和基础资料维护

1) 主要维护渍害防控专家知识,见图 6.12。

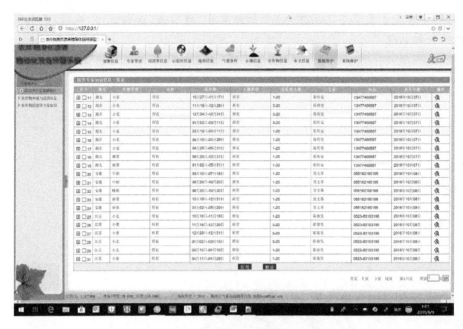

图 6.12　专家知识维护界面

选择要修改或者新增的农作物类型、省份和年份后,点击加载按钮,便可以输入相关数据,输入完成后,点保存便可。

图 6.13 是专家知识新增界面。

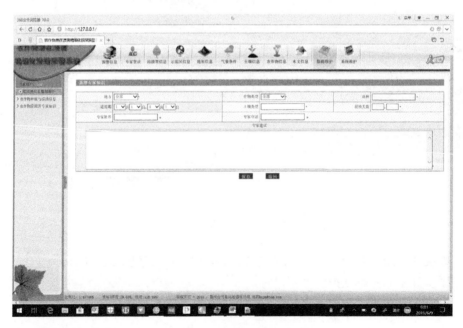

图 6.13　新增专家知识界面

图 6.14 是专家知识的修改界面。

图 6.14　专家知识修改界面

2) 系统维护(发布监利市土壤墒情数据),只有管理员才有该权限。

点击"系统维护"下面的"地图详细配置"按钮,进入下面界面(图 6.15)。

图 6.15　系统中 GIS 数据维护界面

本系统集成 GEOSERVER 软件的发布系统,管理员把监利市土壤墒情数据保存为一个 TIFF 格式文件,然后作为图层发布出去便可。

3）管理用户和密码修改功能。

管理员可以新增、修改和删除用户,对用户信息进行维护,而一般用户则可以修改自己的密码。

# 6.2　长江中下游地区涝渍灾害数据管理平台

## 6.2.1　需求分析

设计一套长江中下游地区(包括湖北省、湖南省、安徽省、江苏省、江西省)的涝渍灾害数据管理平台,主要数据包括:

(1)长江中下游地区(包括湖北省、湖南省、安徽省、江苏省、江西省)涝渍害相关的影响因子,主要有:

气象条件:长江中下游地区的历年积温、日照时数、平均气温、平均降水的空间分布数据。

土壤条件:长江中下游地区的土壤类型、土壤水分数据。

水文条件:河网分布、地下水位数据。

农作物信息:土壤利用现状、大宗作物空间分布数据。

高程数据:DEM 高程数据。

(2)涝渍害灾情信息数据:分县(市、区)每年涝渍害灾情的危害程度及面积数据。

(3)长江中下游地区涝渍害危害程度及区划数据。

(4)示范区示范信息、示范县涝渍害实时监测与预警。

具体要求为:

(1)将上述数据以地理信息系统图解的形式显示数据,因为数据海量,不建议使用 C/S 模式,要求使用 B/S 模式。

(2)操作简单,用户密码进入系统。

(3)所有相关软件为免费软件。

(4)GIS 背景数据可以不提供维护管理,涝渍灾害数据要求提供维护管理

## 6.2.2　软件设计架构

采用 B/S 设计架构,即用户通过互联网访问服务器数据,所有数据在服务器端,采用开源的 WEB 服务器软件,tomcat 作服务器,数据库采用 MYSQL 数据库,采用 JAVA 做为开发语言,软件编辑器采用 Eclipse 软件。

GIS 引擎采用开源的 GIS 软件 GEOERVER 作为 GIS 服务器,客户端采用 Open Layer 软件实现,保证在开发和使用的过程中全部采用开源软件。由于本软件主要用于科研目的,因此不用购买其他任何软件。

制定系统的主要架构如图 6.16。

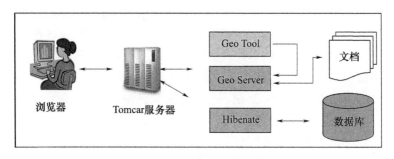

图 6.16　系统设计架构

所有属性数据保存在 MYSQL 数据库中,而 GIS 中的矢量数据(Shape File 格式)存放为单独文件,属性数据保存在 MYSQL 数据库中,便于数据多用户共享,而 Shape File 以文件格式存放有利于其他 GIS 系统编辑。由于基于 WEB 的 GIS 系统只提供部分 GIS 功能,因此它的编辑修改功能比较弱,这一部分要靠其他桌面 GIS 系统完成。

用户通过浏览器 IE 访问 Tomcat Server 服务器,Tomcat Server 服务器收到有关 GIS 请求会调动 Geoserver 线程,如果有需求 GIS 计算处理的则启动 Geo Tool,统计计算后的结果会传回 Geo Server,Geo Server 会从文件中将 GIS 数据返回给 IE,IE 里则调用 Java Script 完成对图层控制与显示。

### 6.2.3　主要实现的功能

按需求分类,系统具备如下功能。

**(1)用户权限管理功能**

当用户访问本站点时,首先显示的是用户登录界面,访问者需要输入用户名和密码才能进入主界面。系统根据用户名判断用户权限,用户权限分成 3 类:系统管理员、数据管理员和普通用户。所有用户都有浏览和打印指定年份病虫害空间分布 GIS 数据、指定监测点的历史数据的权限。系统管理员的权限有:可以新增、修改、删除普通用户和数据管理员权限,数据管理员有所有数据录入权限,普通用户有修改自己密码的权限。

**(2)研究区基本信息介绍功能**

在全国 1∶20 万的地图上显示长江中下游地区(包括湖北省、湖南省、安徽省、江苏省、江西省)的位置,地、县、河流、城镇信息要不同比例尺显示,即小比例尺时只显示 5 省的位置,放大后分别显示地、县、河流、城镇信息,最小到乡镇。同时提供 GIS 基本操作功能,如放大、缩小、移动、点击、打印,打印要输出一张 JPE 图片,比例尺和大小用户自己定义。

**(3)历年涝渍害受灾信息(分县(市、区))显示功能**

用户可选择指定年份、指定农作物涝渍害受灾信息,用 GIS 显示,即用户选定年份和农作物后,这种农作物涝渍害受灾空间分布图要显示出来,绿色代表不受害,用不同的红色代表不同受灾程度,越红代表受灾越严重,图斑上显示县(市、区)名称和受灾面积,用鼠标划一个区域,这个区域内所有县市突出显示,GIS 图下面详细显示这些县(市、区)受灾时间、受灾面积、种植面积等详细信息,其他图层信息与上面一样。

**(4)长江中下游 5 省涝渍害区划**

运用本系统提供的数据,在分析涝渍害成因的基础上,做出长江中下游地区(包括湖北省、湖南省、安徽省、江苏省、江西省)的涝渍害区划电子地图,并将结果以 GIS 的形式放到系统中。用分布式水文模式进行多因子综合模拟分析风险评估与区划,将分析过程和原理放到结果图的下面。

**(5)示范区示范信息介绍功能**

示范区有 5 个:湖北监利、湖南澧县、江西南昌、安徽巢湖和江苏兴化。监利市侧重于涝渍灾害的监测与预警,因此提供监利市详细的地理信息,加载空间分辨率为 2 m 的资源三号卫星数据,详细的河网数据,监测与预警信息附加在此电子地图上。其他示范区提供示范区位置、示范信息、组织结构、示范信息和当地主要农作物品种 5 个方面的资料。

**(6)长江中下游地区(包括湖北省、湖南省、安徽省、江苏省、江西省)高程数据**

由于影响涝渍害除了降水外,其次就是地形,数据来自 STRM DEM 数据,从互联网下载。全国的高程空间分辨率为 1 km,而 5 省的高程空间分辨率为 90 m,用不同颜色显示不同高程大小,同时提供 GIS 基本操作功能。

**(7)气象要素空间分布显示功能**

用户选择需显示的气象要素和统计时间,系统把指定气象要素和统计时间的气象数据显示在 GIS 图上。由于数据海量,一次全部调入不现实,建议采用 WFS (web feature service)方法实现。WFS 定义了一套接口用于传输矢量地理要素数据的服务,即将矢量数据从 GIS 服务器传到客户端的浏览器上,气象信息数据包括点值空间数据和属性数据,一般是对气象数据的统计分析,不会改变点值空间数据,只会改变属性数据,因此可以通过 WFS 方式将气象数据的点值空间数据传到客户端,同时将气象数据在服务器上统计好后通过 XML 协议传到客户端,并在客户端上将这些数据重新组合成一个新的矢量地理数据,并通过 Open Layers 软件实现。

统计时段分为连续和不连续 2 种方式,连续是对一般时间内的气象要素进行平均或者求和,而不连续统计是指对历年这段时间气象要素取平均。由于气象数据的版权问题,这里所有气象数据来自地面国际交换站气候资料日值数据,从美国 NOAA 的一个专门下载全球气象站数据的网站下载(http://gis.ncdc.noaa.gov/)。

**(8)长江中下游 5 省土壤类型的空间分布显示功能**

将 5 省的土壤类型的数据,以矢量形式显示。用户点击任何地方,该地的土壤类型会以提示框的形式显示出来。土壤类型数据由中国科学院土壤研究所提供,与各种土壤参数表连接起来,显示土壤类型详细信息(如:土属、土种、沙粉壤粒含量、有机质含量等信息)。GIS 只提供显示,不提供下载(与中国科学院土壤研究所签有协议,只能显示,不能下载)。

**(9)长江中下游土地利用分布图显示功能**

将 2001 年 MODIS 土地覆盖数据产品(MODIS)数据,通过 GIS 方式显示,提供 GIS 基本操作功能。点击 5 省内的任何一个点,会出现这个地区土地利用情况。

**(10)水文信息显示**

把长江中下游 5 省主要河流、湖泊等基础信息用 GIS 显示出来,显示河流、湖泊名称。

**(11)系统和基础资料维护功能**

主要维护以县(市、区)为单元的历年农作物种植面积和受灾信息的维护,输入简单,选择要修改或者新增的农作物类型、省份和年份后,点击加载按钮,便可以输入相关数据,输入完成后,点保存便可。

**(12)土壤墒情数据发布功能**

具有管理员权限的用户可自行发布土壤墒情数据,为了保护系统,要求具有管理员权限的用户在服务器发布,但要采用 B/S 方式发布。

**(13)管理用户和密码修改功能**

管理员可以新增、修改和删除用户,对用户信息进行维护,而一般用户则可以修改自己的密码。

## 6.2.4　系统操作教程

**(1)系统登录(与上一节相同)**

**(2)基本情况介绍**

点击"涝渍害信息"下面的"基本情况"按钮,进入基本情况介绍,主要介绍 5 省的位置及系统相关信息,如图 6.17。

系统有拖动、整个显示、打印、放大、缩小等 GIS 基本功能,最小能显示乡村位置,也可以显示示范区的位置。

图 6.17　系统基本情况介绍

**(3)各县(市、区)涝渍害年度信息空间分布显示**

点击"涝渍害信息"下面的"各县市涝渍害年度信息"按钮,出现以县为最小单元的农作物种植信息和受涝渍信息空间分布显示,如图 6.18。

图 6.18　涝渍害年度信息分县市空间分布

除了有正常的 GIS 操作功能外,还多了一个详细功能按钮,点此按钮后,用鼠标拖动一个方框,与方框相联的所有县(市、区)指定年份、指定农作物种植面积(绿色)和受害信息(红色)详细信息都会显示,如图 6.19。

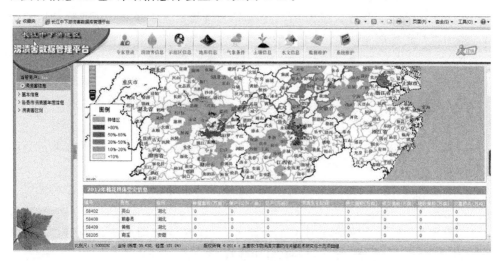

图 6.19　指定年份涝渍害年度信息分县市空间分布

同时,可以选择不同农作物,不同年份的农作物种植和受灾的情况,如图 6.20。

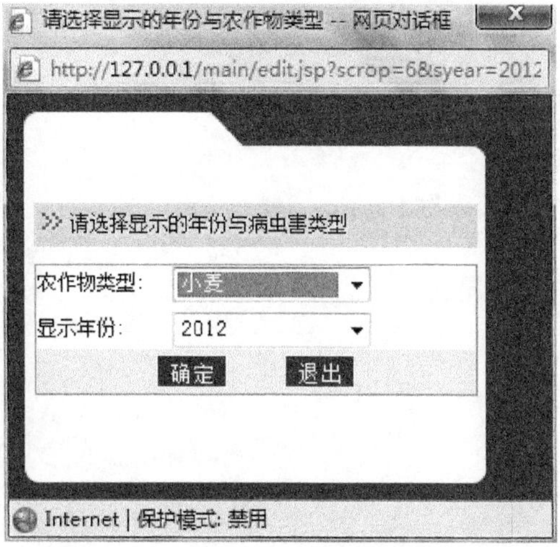

图 6.20　选择年份和农作物界面图

**(4)长江中下游 5 省涝渍害区划**

点击"涝渍害信息"下面的"涝渍害区划"按钮,出现长江中下游 5 省涝渍害区划 GIS 空间分布图,见图 6.21。

涝渍害区划原理为:运用 DHSVM 模型,输入长江流域 164 个国际交换站气象站点 1981—2014 年气温、空气湿度、风速、总辐射（运用日照时数计算而来）和日降水量等气象观测资料、土壤类型资料（HWSD_China_Subset_v1.1）、土地利用现状数据（全球及区域土地覆盖数据）和 DEM 高程数据（STRM），以空间分辨率为 1 km²，时间步长为 1 d，模拟了长江区域 1981—2014 年土壤根层含水量和地下水位的时空分布。涝渍害判别标准参数有 2 个：一个是 3—4 月连续 5 d 土壤根层体积相对含水量大于 90% 出现的概率（出现次数/时长），另一个是同期地下水位埋深，判别的标准是：

无渍害区：地下水位埋深高于 1 m，连续 5 d 土壤根层体积相对含水量大于 90% 的概率小于 20%。

渍害区：地下水位埋深小于 1 m，连续 5 d 土壤根层体积相对含水量大于 90% 的概率在 20%～60%。

严重渍害区：地下水位埋深小于 1 m，连续 5 d 土壤根层体积相对含水量大于 90% 的概率大于 60%。

点击 5 省任何一个位置，这个点的涝渍害区划信息会在图上显示，同样可对区划数据进行 GIS 操作（放大、缩小、移动、打印等）。

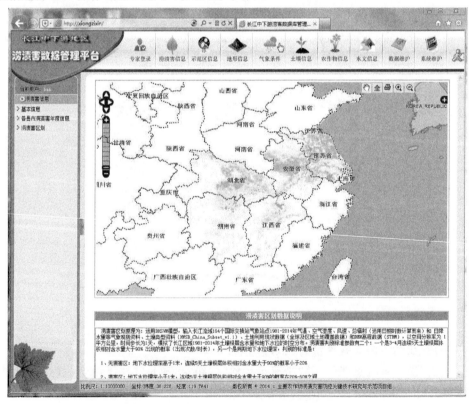

图 6.21　长江中下游 5 省涝渍害区划图

**(5)示范区的相关信息(以监利市为例)**

点击"示范区信息"中的"监利示范区",会出现监利市示范区详细信息,如:示范县位置、示范内容及详细地图(叠加资源卫星图片),特别是水系的分布情况,见图 6.22。

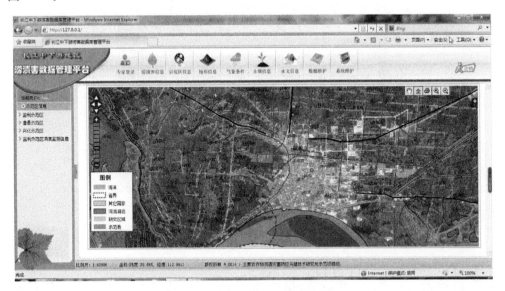

图 6.22　监利示范图基本信息图

另外可显示不同时期示范县的土壤墒情的空间分布,点击"示范区信息"中的"监利示范区涝渍监测信息",会出现下列界面(图 6.23)。

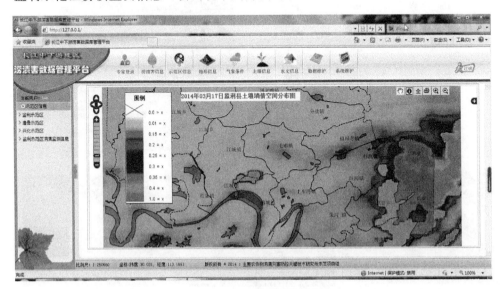

图 6.23　监利土壤墒情的空间分布

通过点击 GIS 界面中的"信息"按钮,系统会提示要选择不同时期,确定后,系统会显示指定日期监利市土壤墒情的空间分布信息(图 6.24)。

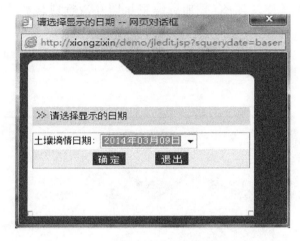

图 6.24　监利市土壤墒情的指定日期

### (6)示范区的相关信息(其他示范区)

其他示范区没有土壤墒情监测,因此主要介绍示范区示范情况,收集数据分成 5 个部分:示范区位置、示范信息、组织结构、示范信息和当地主要农作物品种(图 6.25)。

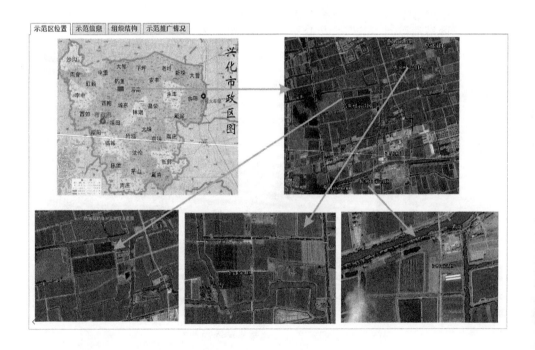

示范区位置　示范信息　组织结构　示范推广情况

**①获取雨强与地下水埋深高度的数学关系模型。**

雨强提高1mm/d可以导致圩内地下水埋深抬高1.233cm。②一次性降雨超过15mm，耕层滞水将抬升至田面下30cm即根系密集层。

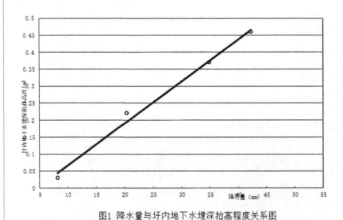

图1 降水量与圩内地下水埋深抬高程度关系图

取得经验明确了通过联圩并圩、闸站配套、内外分开、预降内河水位、建设冬小麦田间内外一

---

示范区位置　示范信息　**组织结构**　示范推广情况

**1、在市农技中心成立涝渍灾害监测与预警应急办公室。**

2、制定了《兴化市县域涝渍灾害监测预警与响应规范》。

一是初步明确预防预警信息指标数据；

二是建立对应级别的预防预警行动。由兴化市"涝渍灾害监测与预警应急中心"组织，联合农业部门做好预防预警行动各项准备，重点是思想宣传准备、组织发动准备和技术预案准备。

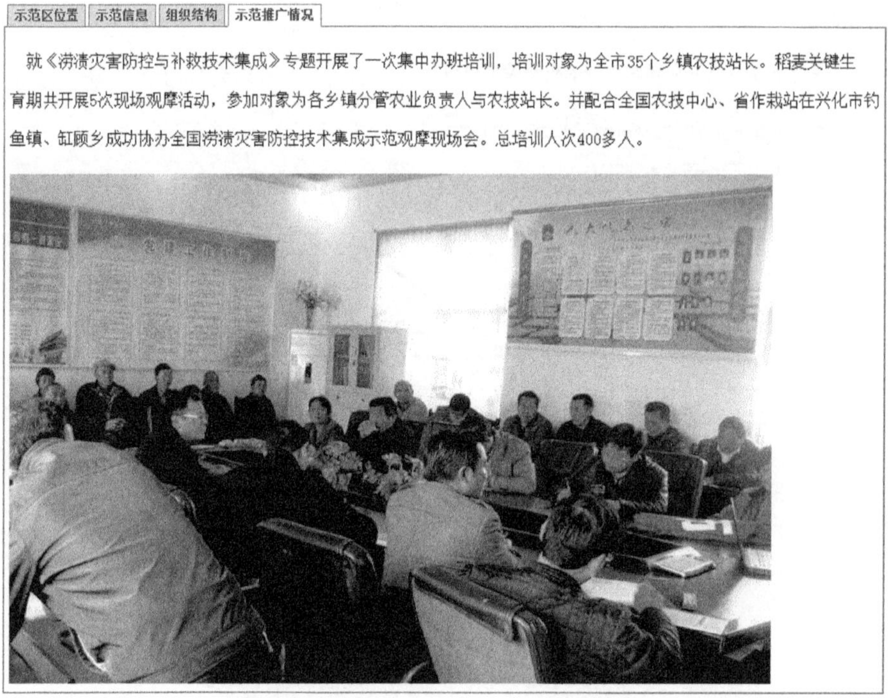

示范区位置
示范信息
组织结构
示范推广情况
就《涝渍灾害防控与补救技术集成》专题开展了一次集中办班培训，培训对象为全市35个乡镇农技站长。稻麦关键生育期共开展5次现场观摩活动，参加对象为各乡镇分管农业负责人与农技站长。并配合全国农技中心、省作栽站在兴化市钓鱼镇、缸顾乡成功协办全国涝渍灾害防控技术集成示范观摩现场会。总培训人次400多人。

图 6.25　其他示范图基本信息介绍

**(7)高程信息**

将各省的高程以栅格形式显示，全国的高程空间分辨率为 1 km，而 5 省的高程空间分辨率为 90 m，如图 6.26。

涝渍害数据管理平台
图例
无数据
1米
300米
1500米
9000米

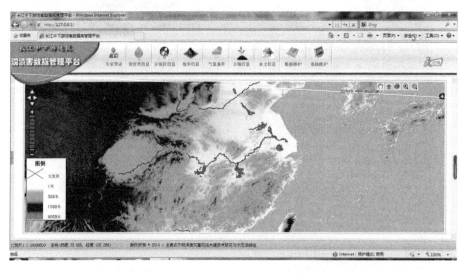

图 6.26　长江中下游 5 省高程空间分布

本系统所使用的 DEM 数据是 SRTM 数据,主要是由美国航空航天局(NASA)和国防部国家测绘局(NIMA)联合测量的,SRTM 的全称是 Shuttle Radar Topography Mission,即航天飞机雷达地形测绘使命,美国"奋进"号航天飞机在搭载的 SRTM 系统共计进行了 222 h 23 min 的数据采集,经过两年多的处理,制成了数字地形高程模型,该测量数据覆盖中国全境。研究区域数据空间分辨率为 30 m,其他地区空间分辨率为 90 m。

**(8)气象信息动态显示**

气象信息,主要指日平均气温、湿度、日照时数、降水量等,用户可以指定时段(包括连续或者不连续时段)内的气象要素统计值(一般指平均值,降水量指总量),见图 6.27。

图 6.27　长江中下游 5 省气象信息空间分布

每次只能显示一种一个时段内气象要素空间分布,可以通过选择统计时段和气象要素来显示其他气象要素空间分布,按 GIS 图上的选择按钮,会出现下面的界面(图 6.28)。

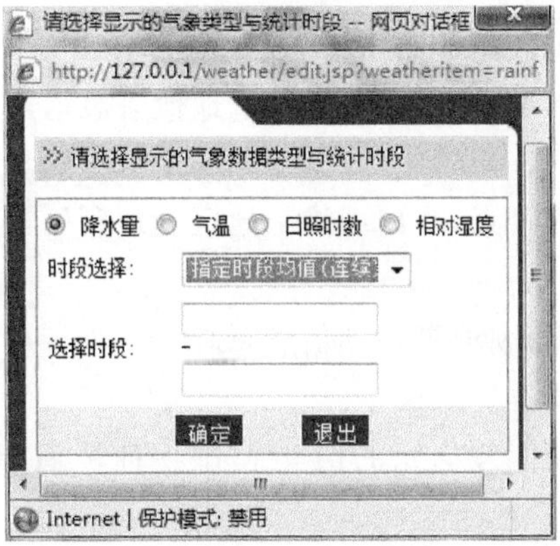

图 6.28　长江中下游 5 省气象信息时段选择界面

统计时段格式为"19900131"表示 1990 年 1 月 31 日,可以选择连续统计和不连续统计,不连续统计输入格式不包含年份,如要显示历年 4 月 10 日到 5 月 21 日气温的平均值,输入"0410-0521",即可。

气象数据来自地面国际交换站气候资料日值数据,有 194 个站点 1951 年 1 月—2010 年 10 月气温、降水量、相对湿度、日照时数 4 要素资料。

**(9)长江中下游 5 省土壤类型的空间分布**

将 5 省的土壤类型的数据,以矢量形式显示,用户点击任何地方,该地的土壤类型会以提示框的形式显示出来(图 6.29)。

图 6.29　长江中下游 5 省土壤类型空间分布

本系统所使用的土壤类型数据是由中国科学院土壤研究所提供,由 1:100 万全国土壤类型数据剪切而来。

**(10)长江中下游土地利用分布图**

本系统采用的数据为 2001 年 MODIS 土地覆盖数据产品数据,具体土地利用类型见《土地利用现状分类(GBT 21010—2007)》,分布图如图 6.30。

点击 5 省内的任何一个点,会出现这个地区土地利用情况。

**(11)水文信息显示**

本系统显示主要河流、湖泊等基础信息,如图 6.31。

**(12)系统和基础资料维护**

主要维护以县(市、区)为单元的历年农作物种植面积和受灾信息的维护,见图 6.32。

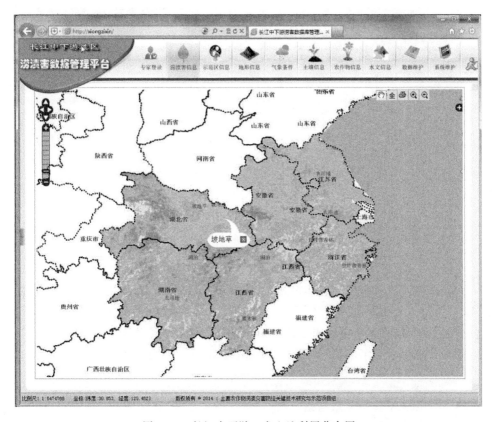

图 6.30　长江中下游 5 省土地利用分布图

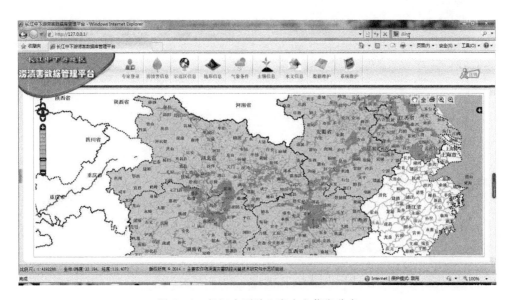

图 6.31　长江中下游 5 省水文信息分布

图 6.32　系统基础信息维护图

选择要修改或者新增的农作物类型、省份和年份后,点击加载按钮,便可以输入相关数据,输入完成后,点保存便可。

**(13)系统维护(发布监利市土壤墒情数据),只有管理员才有权限。**

点击"系统维护"下面的"地图详细配置"按钮,进入下列界面(图 6.33)。

图 6.33　系统 GIS 信息维护图

　　本系统集成 GEOSERVER 软件的发布系统,管理员把监利市土壤墒情数据保存为一个 TIFF 格式,然后作为图层发布出去便可。

# 参考文献

胡佩敏,2016. 基于 WEBGIS 的渍害监测预警信息实时发布系统设计与实现[J]. 农业网络信息(7):3-6.

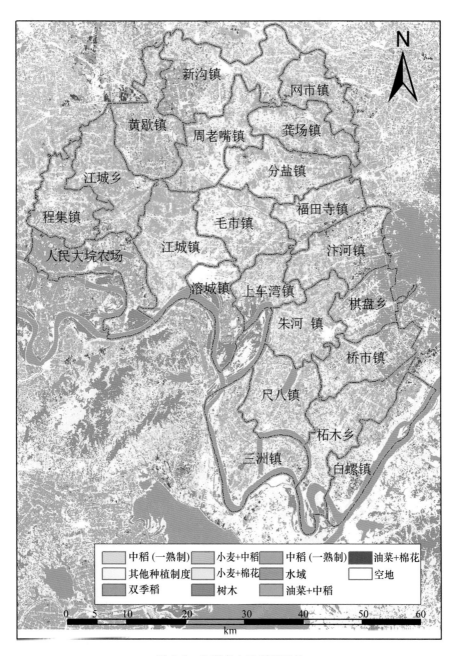

图 2.7　监利市土地利用现状

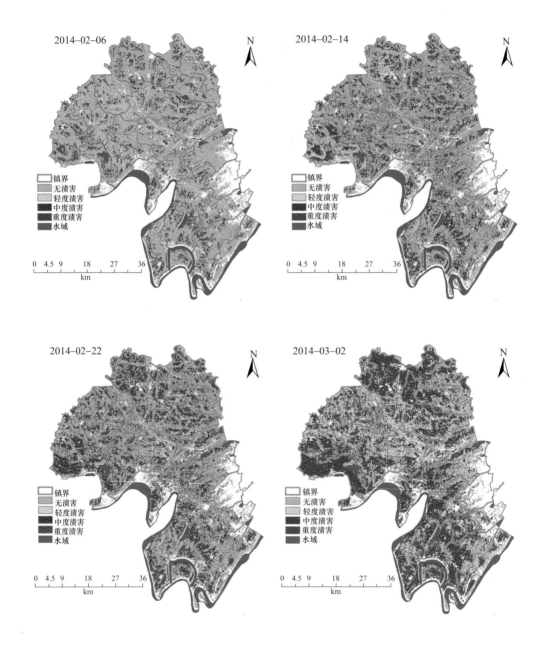

彩2

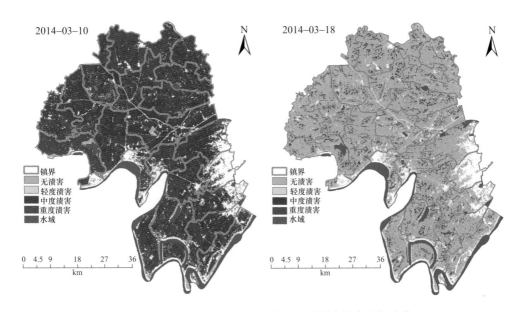

图 2.11　2014 年 2 月 14 日—4 月 8 日监利市渍害空间变化

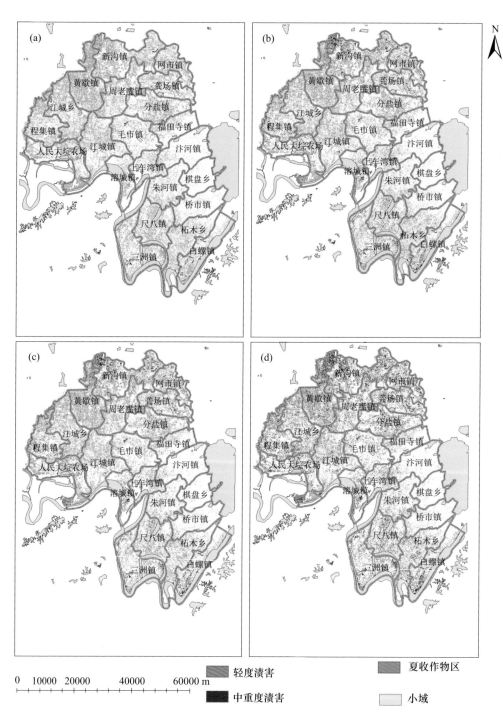

| | |
|---|---|
| 轻度渍害 | 夏收作物区 |
| 中重度渍害 | 小域 |

0  10000  20000  40000  60000 m

图 2.22  监利市夏收作物不同受渍比例相应的渍害空间分布

（a. 受渍比例为 10%；b. 受渍比例为 18.94%；c. 受渍比例为 19.98%；d. 受渍比例为 50.02%）

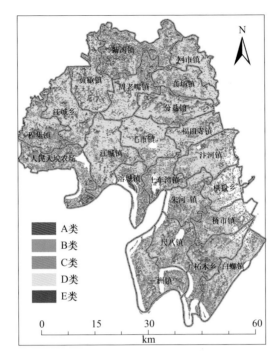

图 3.2　5 种不同受渍类型的空间分布

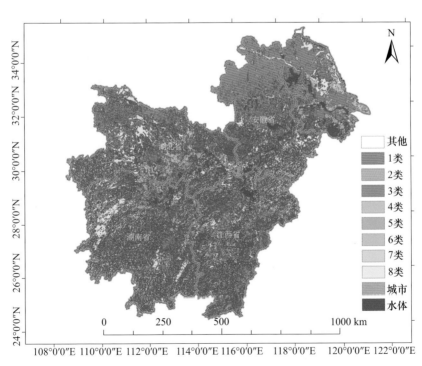

图 3.3　8 种不同受渍类型的空间分布

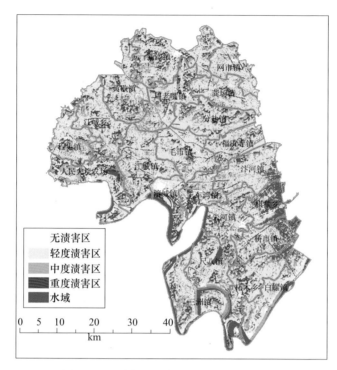

图 4.4 监利市夏收作物渍害区划空间分布

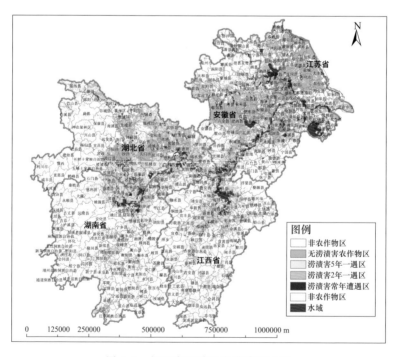

图 4.5 长江中下游五省涝渍害区划

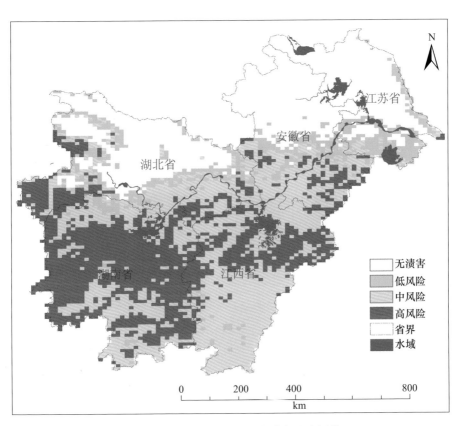

图 4.9　长江中下游地区小麦渍害风险评估

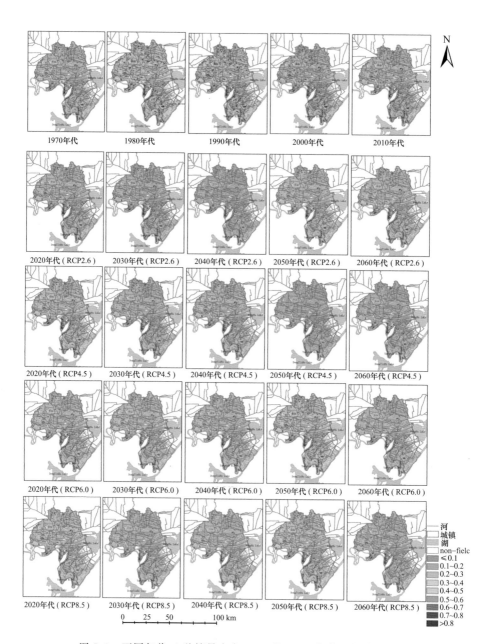

图 5.9　不同年代、4 种情景小麦 3—4 月 SSWI 指数空间分布变化